MAIJI GUSHU MINGMU

麦积古树名木

任俞新 主编

甘肃科学技术出版社

图书在版编目（CIP）数据

麦积古树名木 / 任俞新主编 . -- 兰州：甘肃科学技术出版社，2022.9
ISBN 978-7-5424-2971-1

Ⅰ．①麦… Ⅱ．①任… Ⅲ．①树木-介绍-天水 Ⅳ．①S717.242.4

中国版本图书馆CIP数据核字(2022)第158522号

麦积古树名木

任俞新　主编

责任编辑　刘　钊
装帧设计　孙顺利

出　　版	甘肃科学技术出版社		
社　　址	兰州市城关区曹家巷1号新闻出版大厦　730030		
电　　话	0931-2131570（编辑部）　0931-8773237（发行部）		
发　　行	甘肃科学技术出版社	印　刷	兰州万易印务有限责任公司
开　　本	880mm×1230mm　1/16	印　张	29
		字　数	400千
版　　次	2023年9月第1版		
印　　次	2023年9月第1次印刷		
印　　数	1~1500		
书　　号	ISBN 978-7-5424-2971-1	定　价	256.00元

图书若有破损、缺页可随时与本社联系：0931-8773237
本书所有内容经作者同意授权，并许可使用
未经同意，不得以任何形式复制转载

编 委 会

审　　稿：任继文

主　　编：任俞新

副主编：马伟宏　柴长宏

编　　委：雍继业　罗玉恒　廖永峰　张玉龙

　　　　　宋小斌　任继文　王晓春　胡继斌

摄　　影：任继文　任俞新　马伟宏

凡例

1.《麦积古树名木》古树部分排列按麦积区乡镇行政代码依次排列。

2.裸子植物采用《中国植物志》第七卷分类系统进行排列，被子植物采用哈钦松分类系统进行排列。

3.乡镇总论内容包括乡镇所在地、自然概况、旅游资源、历史文化等。内容来源以麦积区人民政府网站内容为主。

4.树种基本内容包括：中文名、俗名、学名、科、属，标准以最新中国生物多样性数据库名称为准（《中国植物志》英文修订版）。形态特征、习性、分布及用途描述仅对第一次出现时进行描述（以《中国植物志》为准），重复出现树种不再进行描述。

5.单株古树名木信息包括：生长地点名称（行政村自然村名称或寺庙，国道、省道、县乡道）、树龄（约年）、树高（m）、胸（地）围（cm）、冠幅均采用平均冠幅（m）。

6.古树等级（根据《全国古树名木普查建档技术规定》）：一级，500年以上；二级，300～499年；三级，100～299年，在正文中不再做描述。

7.古树编号组成由"省、市、县、乡镇、村"的行政区编号+"5位调查顺序号"在天水市古树名木信息系统自动生成。

8.古树地理坐标只在"附录：古树名木一览表中标注"，其中属国家珍稀濒危保护植物的地理坐标未标注。

9.文中采用照片除作者拍摄的外，引用照片均注明图片来源。

前言

　　麦积区位于甘肃省及天水市的东南部，地理坐标为东经105°25′~106°43′，北纬34°06′~34°48′，海拔1000~2100m。地处秦岭北麓、渭河中游，地势南高北低，跨长江、黄河两大流域，以秦岭为分水岭。属大陆半湿润季风气候，年平均降水量600mm，从南向北依次减少。年均日照2090h，每天平均5.7h，日照百分率为47%，日照地域间差别大，北部山区较多，东南部林区较少。太阳辐射总量在2395~2703MJ/m²，年平均气温11.6℃，全年无霜期170余天。东部和南部为山地地貌，北部为黄土丘陵地貌，中部为渭河河谷地貌。总面积3480km²。

　　古树名木是历史文明的见证者，具有自然遗产与文化遗产的双重属性，在维护和改善生态环境、突显地域特色、延续历史文脉等生态文明建设方面具有重要意义。从生态角度看，一棵古树就是一个基因库，在维护生物多样性、生态平衡和环境保护中有着不可替代的作用；从历史文化角度看，古树名木被称为"活文物""活化石"，其不可再生性使其历史价值、文化价值无法弥补与替换，是一座城市、一个地方文明程度的标志；从经济角度看，古树名木是中国森林和旅游的重要资源，对发展旅游经济具有重要的价值；从科学研究角度看，古树名木向我们展示了城市气候、水文、地理、地质、植被等自然变迁，有助于研究当地历史文化与地理环境。古树名木经历了城市的洗礼，承载着城市传统文化的精髓，但由于快速城镇化发展、生态环境加速变化等诸多原因，古树名木的生存面临着前所未有的威胁，数量、种类急剧减少，如何合理有效地保护利用古树名木，具有紧迫的现实意义和严肃的历史使命。

　　《麦积古树名木》通过对麦积区古树名木资源进行全面规范的调查、登记、鉴定、拍照、建档及信息化管理工作，摸清了麦积区古树名木的资源现状，建立健全了数据库，落实了管护责任，实现了古树名木数字化、动态化、覆盖化监管，对全面贯彻落实《天水市古树名木保护条例》，切实加强古树名木保护管理，积极推进古树名木保护长远规划、完善保护政策、发挥古树名木资源的独特价值等各项工作具有十分重要的意义。

本书编写内容包括四部分，第一部分为麦积古树名木概况。第二部分为古树部分，记录麦积区古树名木361株，隶属23科28属34种（含种下等级），其中一级古树116株，二级古树63株，三级古树182株。内容包括古树中名、学名、俗名、分类、形态特征、地理分布、利用价值、古树照片、生长地、树龄、树高、胸（地）围、冠幅（平均冠幅）等内容。第三部分为古树群部分，记录麦积区古树群7个，内容包括古树群所在区域位置、古树群名称、树种组成、平均树龄、平均树高、平均胸（地）围、平均冠幅等内容。第四部分为附录"麦积区古树名木信息一览表"。

本书编写分工情况：

凡例、前言、麦积古树名木概况、社棠镇古树、马跑泉镇古树、甘泉镇古树、麦积镇古树、古树群由任俞新编写；新阳镇古树、琥珀镇古树、渭南镇古树、中滩镇古树、伯阳镇古树、石佛镇古树、党川镇古树、五龙镇古树、三岔镇古树由马伟宏、宋小斌编写，元龙镇古树、东岔镇古树、花牛镇古树、利桥镇古树由雍继业、任继文、柴长宏、王晓春、罗玉恒、廖永峰、张玉龙、胡继斌等编写；麦积区古树名木信息一览表由柴长宏编写。

本书完稿后由任继文审定。本书为麦积区科技局科技资助计划项目（项目编号：2021—16），甘肃林业职业技术学院自列科研基金项目——重点项目（项目编号GSLY2020—TOIA），在调查、数据库建立、编写过程中得到了天水市住房和建设局、甘肃林业职业技术学院古树名木工程中心等单位的大力支持，在此谨向以上单位和参加古树名木调查项目的全体老师、同学表示衷心的感谢！

由于编者水平所限，书中不足、错误有所难免，恳请读者批评指正。

编者

2021年10月

目 录

第一部分　麦积区古树名木概况

第二部分　古　树

1 社棠镇	/011	10 伯阳镇	/239
2 马跑泉镇	/016	11 麦积镇	/263
3 甘泉镇	/089	12 石佛镇	/320
4 渭南镇	/168	13 三岔镇	/331
5 东岔镇	/184	14 琥珀镇	/345
6 花牛镇	/200	15 利桥镇	/358
7 中滩镇	/207	16 五龙镇	/367
8 新阳镇	/213	17 党川镇	/396
9 元龙镇	/228		

第三部分　古树群

1 渭南镇卦台山古树群　　／411
2 新阳镇凤凰山古树群　　／414
3 街子村崇福寺古树群　　／417
4 马跑泉镇泰山庙古树群　／420
5 伯阳镇石门景区石门山古树群　／424
6 新阳镇桥子沟古树群　　／428
7 甘泉镇黄庄古树群　　　／430

第四部分　附　录

麦积区古树名木信息一览表　／435
部分个人荣誉　／454

第一部分 麦积区古树名木概况

古树，是指树龄在100a以上的树木。凡树龄在500a以上的为一级古树，树龄在300a以上不满500a的为二级古树，树龄在100a以上不满300a的为三级古树。名木，是指珍贵稀有的或者具有重要历史、文化、景观与科研价值以及纪念意义的树木。名木不受树龄限制，不分级。古树名木是历史文化的实物遗存，具有十分重要的历史、文化、生态研究和经济价值。古树作为活的文物，是重要的自然遗产宝藏，历来受到政府、市民的重视和保护，《天水市古树名木保护条例》已于2019年6月1日公布实施。

表3　麦积区古树名木区域分布种数及古树等级

区域	数量（株）	一级（株）	二级（株）	三级（株）	所占比（%）
东岔镇	12		1	11	3.3
三岔镇	14	8	1	5	3.9
元龙镇	10	3	3	4	2.8
伯阳镇	20	6		14	5.5
利桥镇	8	1	3	4	2.2
党川镇	11	4		7	3.1
麦积镇	52	12	5	35	14.4
甘泉镇	74	33	6	35	20.5
马跑泉镇	66	15	26	25	18.3
花牛镇	6	4	2		1.7
社棠镇	5	2	1	2	1.4
中滩镇	5	5			1.4
渭南镇	14	1	11	2	3.9
琥珀镇	13			13	3.6
新阳镇	13	10		3	3.6
石佛镇	10	6	2	2	2.8
五龙镇	28	5	2	21	7.8
合计	361	115	63	183	100.00

古树名木生长势状况

在361株古树名木中，濒危株36株，占总数的9.97%，衰弱株224株，占总数的62.05%，正常株101株，占总数的27.98%。可以看出麦积区现存古树名木生长状况很差，有70%以上的古树名木处于濒危衰弱状态。

科的区系特征

根据吴征镒等的《世界种子植物科的分布区类型系统》，将世界种子植物科分为18个分布区类型和81个变型，麦积区古树名木科的分布区类型有5个类型1个变型，（表4），分别占世界科的分布区类型的27.78%和变型的1.23%，其中世界分布的有5个科，占总科数的21.74%，泛热带分布的有6科，占总科数的26.09%，北温带（含北温带和南温带间断分布）分布的有10科，占总科数的43.48%，是本区分布最多的类型，这也和本区自然植被分布类型一致。东亚及北美间断分布、旧世界温带分布的各有1科，分布占总科数的4.35%。

表4　麦积区古树名木科的分布区类型

分布区类型	包含科	数量	所占比例（%）
1.世界广布	豆科 Fabaceae　木犀科 Oleaceae　蔷薇科 Rosaceae 桑科 Moraceae　榆科 Ulmaceae	5	21.74
2.泛热带	苦木科 Simaroubaceae　漆树科 Anacardiaceae　柿科 Ebenaceae 卫矛科 Celastraceae　芸香科 Rutaceae　紫葳科 Bignoniaceae	6	26.09
3.北温带	松科 Pinaceae　大麻科 Cannabaceae	2	8.70
3-1北温带和南温带间断分布	柏科 Cupressaceae　红豆杉科 Taxaceae　胡桃科 Juglandaceae 桦木科 Betulaceae　壳斗科 Fagaceae　山茱萸科 Cornaceae 无患子科 Sapindaceae　杨柳科 Salicaceae	8	34.78
4.东亚及北美间断	木兰科 Magnoliaceae	1	4.35
5.旧世界温带	柽柳科 Tamaricaceae	1	4.35

属的区系特征

根据吴征镒等的《中国种子植物属的分布区类型》，中国共有15个分布区类型和31个变型，麦积区古树名木属的分布区类型有7个类型3个变型，占全国属的分布区类型的46.67%，变型的9.68%，其中泛热带分布、旧世界温带分布、东亚和北美间断分布的各有3属，占麦积区总属数的10.71%，旧世界温带分布有2属，占7.14%，北温带分布的有12属，占总属的42.86%，热带亚洲至热带大洋洲分布、地中海区至温带-热带亚洲、大洋洲和南美间断分布、中国-喜马拉雅分布（SH）、中国-日本分布（SJ）、中国特有分布各1属，分别占总属的3.57%。

表5　麦积区古树名木属的分布区类型

分布区类型	包含属	数量	所占比例（%）
1.泛热带分布	朴属 Celtis　柿属 Diospyros　卫矛属 Euonymus	3	10.71
2.旧世界热带分布	吴茱萸属 Evodia　杏属 Armeniaca	2	7.14
3.热带亚洲至热带大洋洲分布	臭椿属 Ailanthus	1	3.57
4.北温带分布	刺柏属 Juniperus　枫属 Acer　鹅耳枥属 Carpinus　红豆杉属 Taxus　胡桃属 Juglans　梾木属 Cornus　栎属 Quercus　栗属 Castanea　柳属 Salix　桑属 Morus　松属 Pinus　榆属 Ulmus	12	42.86
5.东亚和北美间断分布	玉兰属 Yulania　皂荚属 Gleditsia　梓属 Catalpa	3	10.71
6.旧世界温带分布	柽柳属 Tamarix　丁香属 Syringa　梨属 Pyrus	3	10.71
7-1 地中海区至温带-热带亚洲、大洋洲和南美间断分布	黄连木属 Pistacia	1	3.57
8-1 中国–喜马拉雅分布（SH）	侧柏属 Platycladus	1	3.57
8-2 中国–日本分布（SJ）	槐属 Styphnolobium	1	3.57
9.中国特有	文冠果属 Xanthoceras	1	3.57

麦积区古树名木共有23科28属34种361株，其中一级古树115株，二级古树63株，三级古树183株，分别占总株数的31.86%、17.45%、50.69%，三级古树超过50%，反映了麦积区古树种群数量维持较高的稳定状态。古树群7个。从乡镇分布分析，甘泉镇最多，马跑泉镇次之，麦积镇第三，进一步证明了古树名木是历史文化古老地区最有力的佐证。从古树生长势看，70%以上的古树处于濒危衰弱状态，急需采取复壮措施。科、属的区系分布为科有5种分布区类型和1种分布区变型，属有7种分布区类型和3种分布区变型，特征表现为北温带区系成分占优势，世界分布和泛热带区系成分次之，反映了该区由亚热带到温带的过渡特性。

第二部分 古树

古树是历史文化名城重要的组成部分,是指在人类历史过程中保存下来的年代久远或具有重要科研、历史、文化价值的、树龄在 100 a 以上的树木。古树具有不可替代的独特意义,是历史文化的实物遗存,是"活的化石",具有十分重要的历史、文化、生态研究和经济价值。同时,古树是研究自然史、树木生理的重要资料,并对当地造林、园林绿化树种规划有很大参考价值。古树根据树龄可以分为一、二、三级。一级古树:树龄 500 a 以上的古树。二级古树:树龄 300~499 a 的古树。三级古树:树龄 100~299 a 的古树。

麦积区现存古树 361 株,隶属 23 科 28 属 34 种,其中一级古树 115 株,占麦积区古树的 31.86%,二级古树 63 株,占全部古树的 17.45%,三级古树 183 株,占全部古树的 50.69%。

1 社棠镇

社棠镇地处辖区城郊东部，渭河以北，地势西北高，东南低；地形半山半川，北部为山区，南部为渭河冲积、侵蚀而形成的河谷盆地；最高点位于半山村羊圈门，海拔1664m；最低点位于俊林村磨渠口，海拔1077m。总面积64km²，景点有槐荫寺、崇祯观、庙山坪、三国时期绵诸郡遗址、黄家嘴仰韶文化遗址等。

共有古树名木5株，占麦积区古树总数的1.39%，其中一级古树2株，二级古树1株，三级古树2株。分别占社棠镇古树总数的40.00%、20.00%、40.00%。隶属2科2属2种。

侧　柏 | *Platycladus orientalis*（Linn.）Franco

俗　　名：香柯树、香树、扁桧、香柏、黄柏
科　　属：柏科 Cupressaceae　侧柏属 *Platycladus*

乔木，高达20m，胸径1m；树皮薄，浅灰褐色，纵裂成条片；枝条向上伸展或斜展，幼树树冠卵状尖塔形，老树树冠则为广圆形；生鳞叶的小枝细，向上直展或斜展，扁平，排成一平面。叶鳞形，长1～3mm，先端微钝，小枝中央的叶的露出部分呈倒卵状菱形或斜方形，背面中间有条状腺槽，两侧的叶船形，先端微内曲，背部有钝脊，尖头的下方有腺点。雄球花黄色，卵圆形，长约2mm；雌球花近球形，径约2mm，蓝绿色，被白粉。球果近卵圆形，长1.5～2（～2.5）cm，成熟前近肉质，蓝绿色，被白粉，成熟后木质，开裂，红褐色；中间两对种鳞倒卵形或椭圆形，鳞背顶端的下方有一向外弯曲的尖头，上部1对种鳞窄长，近柱状，顶端有向上的尖头，下部1对种鳞极小，长达13mm，稀退化而不显著；种子卵圆形或近椭圆形，顶端微尖，灰褐色或紫褐色，长6～8mm，稍有棱脊，无翅或有极窄之翅。花期3～4月，球果10月成熟。

产于内蒙古南部、吉林、辽宁、河北、山西、山东、江苏、浙江、福建、安徽、江西、河南、陕西、甘肃、四川、云南、贵州、湖北、湖南、广东北部及广西北部等地。

木材淡黄褐色，富树脂，材质细密，纹理斜行，耐腐力强，比重0.58，坚实耐用。可供建筑、器具、家具、农具及文具等用材。种子与生鳞叶的小枝入药，前者为强壮滋补药，后者为健胃药，又为清凉收敛药及淋疾的利尿药。常栽培做庭院树。

编号：62050310021120027
绵诸村崇祯观，树龄约800 a，树高11m，胸（地）围255cm，冠幅12 m。

编号：62050310021120028
绵诸村崇祯观，树龄约800 a，树高13m，胸（地）围256cm，冠幅13.5 m。

槐 | *Styphnolobium japonicum* (L.) Schott

俗　　名：蝴蝶槐、国槐、金药树、豆槐、槐花树、槐花木、守宫槐、紫花槐、槐树、堇花槐、毛叶槐、宜昌槐、早开槐
科　　属：豆科 Fabaceae　槐属 *Styphnolobium*

乔木，高达25m；树皮灰褐色，具纵裂纹。当年生枝绿色，无毛。羽状复叶长达25cm；叶轴初被疏柔毛，旋即脱净；叶柄基部膨大，包裹着芽；小叶4~7对，对生或近互生，纸质，卵状披针形或卵状长圆形，长2.5~6cm，宽1.5~3cm，先端渐尖，具小尖头，基部宽楔形或近圆形，稍偏斜，下面灰白色，初被疏短柔毛，旋变无毛；小托叶2枚，钻状。圆锥花序顶生，长达30cm；花冠白色或淡黄色，旗瓣近圆形，长与宽约11mm，具短柄，有紫色脉纹，先端微缺，基部浅心形，翼瓣卵状长圆形，长10mm，宽4mm，先端浑圆，基部斜戟形，无皱褶，龙骨瓣阔卵状长圆形，与翼瓣等长，宽达6mm；雄蕊近分离，宿存；子房近无毛。荚果串珠状，长2.5~5cm或稍长，径约10mm，种子间缢缩不明显，种子排列较紧密，具肉质果皮，成熟后不开裂，具种子1~6粒；种子卵球形，淡黄绿色，干后黑褐色。花期7~8月，果期8~10月。

原产中国，现南北各地广泛栽培，华北和黄土高原地区尤为多见。日本、越南也有分布，朝鲜并见有野生，欧洲、美洲各国均有引种。

树冠优美，花芳香，是行道树和优良的蜜源植物；花和荚果入药，有清凉收敛、止血降压作用；叶和根皮有清热解毒作用，可治疗疮毒；木材供建筑用。

编号：62050310000320026

社棠村（麦积职业技术学校院内），树龄约300 a，树高15m，胸（地）围315cm，冠幅15m。

花 序

果 实

编号：62050310021120029
绵诸村，树龄约200 a，树高25m，胸（地）围208cm，冠幅18 m。

编号：62050310021120030
绵诸村，树龄约200 a，树高18m，胸（地）围268cm，冠幅20 m。

2 马跑泉镇

　　位于麦积区城郊东南部,地处楚阳山北麓,地势西高东低,南高北低;地形为半山半川,大部分为山区;最高点位于傲子坡坪,海拔1542m;最低点位于街子三十甸子,海拔1065m,区域面积97km²。辖区著名遗址是马跑泉遗址,遗址保存较好,对研究仰韶文化与齐家文化的相互关系及西周文化的发展有重要价值。古树名木主要分布在洪武寺、渗金寺、槐荫庙、柳林寺、蛟龙寺、龙槐寺及古村落。

　　共有古树名木66株,占麦积区古树总数的18.28%,其中一级古树15株,二级古树26株,三级古树25株。分别占马跑泉镇古树总数的22.73%、39.39%、37.88%。古树群1个。隶属7科7属7种1变种。

油　松 | *Pinus tabuliformis* Carr.

俗　名:巨果油松、紫翅油松、东北黑松、短叶马尾松、红皮松、短叶松
科　属:松科 Pinaceae　松属 *Pinus*

　　乔木,高达25m,胸径可达1m以上;树皮灰褐色或褐灰色,裂成不规则较厚的鳞状块片,裂缝及上部树皮红褐色;枝平展或向下斜展,老树树冠平顶,小枝较粗,褐黄色,无毛,幼时微被白粉;冬芽矩圆形,顶端尖,微具树脂,芽鳞红褐色,边缘有丝状缺裂。针叶2针一束,深绿色,粗硬,长10~15cm,径约1.5mm,边缘有细锯齿,两面具气孔线;横切面半圆形,二型层皮下层,在第一层细胞下常有少数细胞形成第二层皮下层,树脂道5~8个或更多,边生,多数生于背面,腹面有1~2个,稀角部有1~2个中生树脂道,叶鞘初呈淡褐色,后呈淡黑褐色。雄球花圆柱形,长1.2~1.8cm,在新枝下部聚生成穗状。球果卵形或圆卵形,长4~9cm,有短梗,向下弯垂,成熟前绿色,熟时淡黄色或淡褐黄色,常宿存树上近数年之久;中部种鳞近矩圆状倒卵形,长1.6~2cm,宽约1.4cm,鳞盾肥厚、隆起或微隆起,扁菱形或菱状多角形,横脊显著,鳞脐凸起有尖刺;种子卵圆形或长卵圆形,淡褐色有斑纹,长6~8mm,径4~5mm,连翅长1.5~1.8cm;子叶8~12枚,长3.5~5.5cm;初生叶窄条形,长约4.5cm,先端尖,边缘有细锯齿。花

编号：62050310120310039
黄庄村，树龄约100 a，树高15 m，胸（地）围150 cm，冠幅13.5 m。

油松雌球花

油松雄球花及球果

期4～5月，球果第二年10月成熟。

中国特有树种，产吉林南部、辽宁、河北、河南、山东、山西、内蒙古、陕西、甘肃、宁夏、青海及四川等地，生于海拔100～2600 m地带，多组成单纯林。其垂直分布由东到西、由北到南逐渐增高。辽宁、山东、河北、山西、陕西、甘肃等地有人工林。为喜光、深根性树种，喜干冷气候，在土层深厚、排水良好的酸性、中性或钙质黄土上均能生长良好。模式标本采自北京。

心材淡黄红褐色，边材淡黄白色，纹理直，结构较细密，材质较硬，比重0.4～0.54，富树脂，耐久用。可供建筑、电杆、矿柱、造船、器具、家具及木纤维工业等用材。树干可割取树脂，提取松节油；树皮可提取栲胶。松节、松针（即针叶）、花粉均供药用。

侧 柏 | *Platycladus orientalis*（Linn.）Franco

俗　名：香柯树、香树、扁桧、香柏、黄柏
科　属：柏科 Cupressaceae　侧柏属 *Platycladus*

编号：620503101001100001
团庄村渗金寺，树龄约900 a，树高28m，胸（地）围510cm，冠幅14.5m。

编号：62050310100110002
团庄村渗金寺，树龄约600 a，树高20m，胸（地）围235cm，冠幅5.5m。

编号：62050310100110003

团庄村渗金寺，树龄约150 a，树高14m，胸（地）围125cm，冠幅5.5m。

编号：62050310100110004
团庄村渗金寺，树龄约400 a，树高16m，胸（地）围180cm，冠幅9m。

编号：62050310100110005

团庄村渗金寺，树龄约400 a，树高16m，胸（地）围155cm，冠幅6.5m。

编号：62050310100110006

团庄村渗金寺，树龄约400 a，树高16m，胸（地）围220cm，冠幅9m。

编号：62050310100110007

团庄村渗金寺，树龄约400 a，树高12m，胸（地）围180cm，冠幅8m。

第二部分·古 树

编号：62050310122320001
文庄村泰山庙（洪武寺），树龄约1000 a，树高14.5m，胸（地）围250cm，冠幅14.5m。

编号：62050310100120002

文庄村泰山庙（洪武寺），树龄约1000 a。树高13m，胸（地）围150cm，冠幅7m。

编号：62050310100120003

文庄村泰山庙（洪武寺），树龄约1000 a，树高12.5m，胸（地）围100cm，冠幅7m。

编号：62050310100120004

文庄村泰山庙（洪武寺），树龄约1000 a，树高17m，胸（地）围235cm，冠幅9.5m。

编号：62050310100120005
文庄村泰山庙（洪武寺），树龄约1000 a，树高13m，胸（地）围180cm，冠幅8.5m。

编号：62050310100120006
文庄村泰山庙（洪武寺），树龄约1000 a，树高13m，胸（地）围230cm，冠幅10m。

编号：62050310100120007
文庄村泰山庙（洪武寺），树龄约1000 a，树高10.5m，胸（地）围225cm，冠幅9.5m。

编号：62050310100120008

文庄村泰山庙（洪武寺），树龄约1000 a，树高7m，胸（地）围90cm，冠幅6m。

编号：62050310100120009
文庄村泰山庙（洪武寺），树龄约100 a，树高4m，胸（地）围52cm，冠幅4m。

麦积古树名木 MAIJI GUSHU MINGMU

编号：62050310100120010

文庄村泰山庙（洪武寺），树龄约300 a，树高10.5m，胸（地）围126cm，冠幅9m。

编号：62050310100120011

文庄村泰山庙（洪武寺），树龄约300 a，树高11m，胸（地）围120cm，冠幅8.5m。

编号：62050310100120012

文庄村泰山庙（洪武寺），树龄约300 a，树高12m，胸（地）围90cm，冠幅7m。

编号：62050310100120013
文庄村泰山庙（洪武寺），树龄约300 a，树高13.5m，胸（地）围175cm，冠幅11m。

编号：62050310100120014

文庄村泰山庙（洪武寺），树龄约850 a，树高8.2m，胸（地）围150cm，冠幅11m。

编号：62050310100120015
文庄村泰山庙（洪武寺），树龄约850 a，树高8.2m，胸（地）围150cm，冠幅8.5m。

编号：62050310100210014

柳林村柳林寺，树龄约300 a，树高30m，胸（地）围183cm，冠幅10 m。

编号：62050310100210015
柳林村柳林寺，树龄约300 a，树高30m，胸（地）围160cm，冠幅8m。

麦积古树名木 MAIJI GUSHU MINGMU

编号：62050310100210016

柳林村柳林寺，树龄约300 a，树高17m，胸（地）围165cm，冠幅6.5m。

第二部分·古 树

编号：62050310100210017
柳林村柳林寺，树龄约300 a，树高14m，胸（地）围125cm，冠幅3.5m。（右）

麦积古树名木 MAIJI GUSHU MINGMU

编号：62050310120310034

黄庄村，树龄约200 a，树高13m，胸（地）围270cm，冠幅10.5 m。

编号：62050310120310035
黄庄村，树龄约200 a，树高14m，胸（地）围210cm，冠幅6 m。

编号：62050310120310036

黄庄村，树龄约200 a，树高14m，胸（地）围130cm，冠幅6 m。

编号：62050310120310037
黄庄村，树龄约200 a，树高15m，胸（地）围210cm，冠幅9 m。

编号：62050310120310038

黄庄村，树龄约200 a，树高14m，胸（地）围140cm，冠幅5.5 m。

编号：62050310120310041
黄庄村，树龄约200 a，树高11m，胸（地）围170cm，冠幅10m。

编号：62050310120310042

黄庄村，树龄约200 a，树高9m，胸（地）围160cm，冠幅6.5m。

第二部分·古 树

编号：62050310122520032
黑王村槐荫庙，树龄约120 a，树高15m，胸围124cm，冠幅8m。

051

编号：62050310122520033

黑王村槐荫庙，树龄约120 a，树高14m，胸围96cm，冠幅5.5m。

编号：62050310122010141
兴胜村蛟龙寺，树龄约400 a，树高15m，胸（地）围120cm，冠幅12m。

编号：62050310122010142
兴胜村蛟龙寺，树龄约400 a，树高13m，胸（地）围100cm，冠幅5.5m。

编号：62050310122010143
兴胜村蛟龙寺，树龄约400 a，树高15m，胸（地）围97cm，冠幅5m。

编号：62050310122010144

兴胜村蛟龙寺，树龄约400 a，树高15m，胸（地）围96cm，冠幅4.5m。

编号：62050310122010145

兴胜村蛟龙寺，树龄约400 a，树高15m，胸（地）围98cm，冠幅6m。

编号：620503101222110150

龙槐村龙槐寺，树龄约260 a，树高14m，胸（地）围150cm，冠幅7m。

编号：62050310122110152
龙槐村龙槐寺，树龄约260 a，树高15m；胸（地）围140cm；冠幅6.5m。

编号：62050310122110153

龙槐村龙槐寺，树龄约260 a，树高16m，胸（地）围143cm，冠幅7.5m。

编号：62050310122110154
龙槐村龙槐寺，树龄约260 a，树高16m，胸（地）围190cm，冠幅7m。

编号：62050310121221310

幕滩村经圣寺，树龄约350 a，树高13m，胸（地）围150cm，冠幅8m。

槐 | *Styphnolobium japonicum* (L.) Schott

俗　名：蝴蝶槐、国槐、金药树、豆槐、槐花树、槐花木、守宫槐、紫花槐、槐树、堇花槐、毛叶槐、宜昌槐、早开槐

科　属：豆科 Fabaceae　槐属 *Styphnolobium*

编号：62050310120310040
黄庄村，树龄约100 a，树高24m，胸（地）围250cm，冠幅14 m。

编号：62050310122010147

兴胜村蛟龙寺，树龄约400 a，树高15m，胸（地）围220cm，冠幅15m。

编号：62050310122010148
兴胜村蛟龙寺，树龄约400 a，树高11m，胸（地）围185cm，冠幅11.5m。（左）

编号：62050310122110151

龙槐村龙槐寺，树龄约260 a，树高16m，胸（地）围182cm，冠幅16m。

第二部分·古 树

编号：62050310120210179
李家坪村，树龄约1200 a，树高23m，胸围430cm，冠幅20.5 m。

麦积古树名木　MAIJI GUSHU MINGMU

编号：62050310122520031

黑王村槐荫庙，树龄约400 a，树高12m，胸围246cm，冠幅12.5 m。

编号：62050310122520034
黑王村槐荫庙，树龄约400 a，树高14m，胸围305cm，冠幅13m。

麦积古树名木　MAIJI GUSHU MINGMU

编号：62050310122520035
黑王村槐荫庙，树龄约400 a，树高14m，胸围302cm，冠幅15m。

编号：62050310122520036
黑王村，树龄约400 a，树高15m，胸围330cm，冠幅17.5m。

麦积古树名木 MAIJI GUSHU MINGMU

编号：62050310122520037

黑王村，树龄约200 a，树高13m，胸围210cm，冠幅13.5m。

编号：62050310122520038
黑王村，树龄约200 a，树高18m，胸围180cm，冠幅15.5m。

编号：62050310121221039

幕滩村经圣寺，树龄约1300 a，树高13m，胸（地）围380cm，冠幅12.5m。

龙爪槐 | *Styphnolobium japonicum* 'Pendula'

俗　名：龙槐、蟠槐、倒栽槐
科　属：豆科 Fabaceae　槐属 *Styphnolobium*

与槐的区别是枝和小枝均下垂，并向不同方向弯曲盘旋，形似龙爪。供栽培观赏。

编号：62050310122110149
龙槐村龙槐寺，树龄约260 a，树高4m，胸（地）围96cm，冠幅14m。

编号：62050310121221311
幕滩村经圣寺，树龄约120 a，树高7m，胸（地）围60cm，冠幅3.5m。

麦积古树名木　MAIJI GUSHU MINGMU

垂 柳 | *Salix babylonica* Linn.

俗　名：水柳、垂丝柳、清明柳、倒柳
科　属：杨柳科 Salicaceae　柳属 *Salix*

乔木，高达 12～18m，树冠开展而疏散。树皮灰黑色，不规则开裂；枝细，下垂，淡褐黄色、淡褐色或带紫色，无毛。芽线形，先端急尖。叶狭披针形或线状披针形，长 9～16cm，宽 0.5～1.5cm，先端长渐尖，基部楔形，两面无毛或微有毛，上面绿色，下面色较淡，锯齿缘；叶柄长（3）5～10mm，有短柔毛；托叶仅生在萌发枝上，斜披针形或卵圆形，边缘有齿牙。花序先叶开放，或与叶同时开放；雄花序长 1.5～2（3）cm，有短梗，轴有毛；雄蕊 2，花丝与苞片近等长或较长，基部多数少有长毛，花药红黄色；苞片披针形，外面有毛；腺体 2；雌花序长达 2～3（5）cm，有梗，基部有 3～4 小叶，轴有毛；子房椭圆形，无毛或下部稍有毛，无柄或近无柄，花柱短，柱头 2～4 深裂；苞片披针形，长 1.8～2（2.5）mm，外面有毛；腺体 1。蒴果长 3～4mm，带绿黄褐色。花期 3～4 月，果期 4～5 月。

生于长江流域与黄河流域，其他各地均栽培，为道旁、水边等绿化树种。耐水湿，也能生于干旱处。在亚洲、欧洲、美洲各国均有引种。

多用插条繁殖。为优美的绿化树种；木材可制家具；枝条可编筐；树皮含鞣质，可提制栲胶。叶可做羊饲料。

编号：62050310100210013

柳林村柳林寺，树龄约300 a，树高25m，胸（地）围495cm，冠幅14.5 m。

编号：62050310100210018
柳林村柳林寺，树龄约300 a，树高14 m，胸（地）围440 cm，冠幅14 m。

胡 桃 | *Juglans regia* L.

俗　名：核桃
科　属：胡桃科 Juglandaceae　胡桃属 *Juglans*

乔木，高达20~25m；树干较别的种类矮，树冠广阔；树皮幼时灰绿色，老时则灰白色而纵向浅裂；小枝无毛，具光泽，被盾状着生的腺体，灰绿色，后来带褐色。奇数羽状复叶长25~30cm，叶柄及叶轴幼时被有极短腺毛及腺体；小叶通常5~9枚，稀3枚，椭圆状卵形至长椭圆形，长6~15cm，宽3~6cm，顶端钝圆或急尖、短渐尖，基部歪斜，近于圆形，边缘全缘或在幼树上具稀疏细锯齿，上面深绿色，无毛，下面淡绿色，侧脉11~15对，腋内具簇短柔毛，侧生小叶具极短的小叶柄或近无柄，生于下端者较小，顶生小叶常具长3~6cm的小叶柄。雄性葇荑花序下垂，长5~10cm、稀达15cm。雄花的苞片、小苞片及花被片均被腺毛；雄蕊6~30枚，花药黄色，无毛。雌性穗状花序通常具1~3（~4）雌花。雌花的总苞被极短腺毛，柱头浅绿色。果序短，杞俯垂，具1~3果实；果实近于球状，直径4~6cm，无毛；果核稍具皱曲，有2条纵棱，顶端具短尖头；隔膜较薄，内里无空隙；内果皮壁内具不规则的空隙或无空隙且仅具皱曲。花期5月，果期10月。

生于华北、西北、西南、华中、华南和华东。分布于中亚、西亚、南亚和欧洲。生于海拔400~1800m山坡及丘陵地带，中国平原及丘陵地区常见，喜肥沃湿润的沙质壤土，常见于山区河谷两旁土层深厚的地方。种仁含油量高，可生食，亦可榨油食用；木材坚实，是很好的硬木材料。

编号：62050310120210177

李家坪村，树龄约120 a，树高16m，胸（地）围210cm，冠幅21m。

编号：62050310120210178

李家坪村，树龄约120 a，树高17m，胸（地）围240cm，冠幅26m。

柿 | *Diospyros kaki* Thunb.

俗　名：柿子
科　属：柿科 Ebenaceae　柿属 *Diospyros*

　　落叶大乔木，通常高 10~14m 及以上，胸径达 65cm，高龄老树有的高达 27m；树皮深灰色至灰黑色，或者黄灰褐色至褐色，沟纹较密，裂成长方块状；树冠球形或长圆球形。叶纸质，卵状椭圆形至倒卵形或近圆形，通常较大，长 5~18cm，宽 2.8~9cm，先端渐尖或钝，基部楔形、钝、圆形或近截形，很少为心形，新叶疏生柔毛，老叶上面有光泽，深绿色，无毛，下面绿色，有柔毛或无毛，中脉在上面凹下，有微柔毛，在下面凸起，侧脉每边 5~7 条，上面平坦或稍凹下，下面略凸起，下部的脉较长，上部的较短，向上斜生，稍弯，将近叶缘网结，小脉纤细，在上面平坦或微凹下，连结成小网状；叶柄长 8~20mm，无毛，上面有浅槽。花雌雄异株，但间或雄株中有少数雌花，雌株中有少数雄花的，花序腋生，为聚伞花序；雄花序小，长 1~1.5cm，弯垂，有短柔毛或绒毛，有花 3~5 朵，通常有花 3 朵；总花梗长约 5mm，有微小苞片；雄花小，长 5~10mm；花萼钟状，两面有毛，深 4 裂，裂片卵形，长约 3mm，有睫毛；花冠钟状，黄白色，长约 7mm，4 裂，雄蕊 16~24 枚；花梗长约 3mm。雌花单生叶腋，长约 2cm，花萼绿色，直径约 3cm 或更大，裂片开展，阔卵形或半圆形，有脉，长约 1.5cm；花冠淡黄白色或黄白色且带紫红色，壶形或近钟形，长和直径各 1.2~1.5cm，4 裂，花冠管近四棱形，直径 6~10mm，子房近扁球形，直径约 6mm，多少具 4 棱，无毛或有短柔毛，8 室，每室有胚珠 1 颗；花柱 4 深裂，柱头 2 浅裂；花梗长 6~20mm，密生短柔毛。果形种种，有球形，扁球形，球形且略呈方形，卵形，等等，直径 3.5~8.5cm 不等，基部通常有棱，嫩时绿色，后变黄色、橙黄色，果肉较脆硬，老熟时果肉柔软多汁，呈橙红色或大红色等，有种子数颗；种子褐色，椭圆状，长约 2cm，宽约 1cm，侧扁，花期 5~6 月，果期 9~10 月。

　　原生于中国长江流域，现在辽宁西部、长城一线经甘肃南部，折入四川、云南，在此线以南，东至台湾省，各地多有栽培。朝鲜、日本、东南亚、大洋洲、北非的阿尔及利亚、法国、俄罗斯、美国等有栽培。柿树是深根性树种，又是阳性树种，喜温暖气候、充足阳光和深厚、肥沃、湿润、排水良好的土壤，适生于中性土壤，较能耐寒，也较能耐瘠薄，抗旱性强，不耐盐碱土。

麦积古树名木 MAIJI GUSHU MINGMU

编号：62050310121300601
崖湾村，树龄约120 a，树高10m，胸（地）围200cm，冠幅7.5m。

文冠果 | *Xanthoceras sorbifolium* Bunge

俗　名：文冠树、木瓜、文冠花、崖木瓜、文光果
科　属：无患子科 Sapindaceae　文冠果属 *Xanthoceras*

落叶灌木或小乔木，高2～5m；小枝粗壮，褐红色，无毛，顶芽和侧芽有覆瓦状排列的芽鳞。叶连柄长15～30cm；小叶4～8对，膜质或纸质，披针形或近卵形，两侧稍不对称，长2.5～6cm，宽1.2～2cm，顶端渐尖，基部楔形，边缘有锐利锯齿，顶生小叶通常3深裂，腹面深绿色，无毛或中脉上有疏毛，背面鲜绿色，嫩时被绒毛和成束的星状毛；侧脉纤细，两面略凸起。花序先叶抽出或与叶同时抽出，两性花的花序顶生，雄花序腋生，长12～20cm，直立，总花梗短，基部常有残存芽鳞；花梗长1.2～2cm；苞片长0.5～1cm；萼片长6～7mm，两面被灰色绒毛；花瓣白色，基部紫红色或黄色，有清晰的脉纹，长约2cm，宽7～10mm，爪之两侧有须毛；花盘的角状附属体橙黄色，长4～5mm；雄蕊长约1.5cm，花丝无毛；子房被灰色绒毛。蒴果长达6cm；种子长达1.8cm，黑色且有光泽。花期春季，果期秋初。

中国生长于北部和东北部，西至宁夏、甘肃，东北至辽宁，北至内蒙古，南至河南。野生于丘陵山坡等处，各地也常栽培。

种子可食，风味似板栗。种仁含脂肪57.18%、蛋白质29.69%、淀粉9.04%、灰分2.65%，营养价值很高，是中国北方很有发展前途的木本油料植物，近年来已大量栽培。

编号：62050310122010146
兴胜村蛟龙寺，树龄约400 a，树高6m，胸（地）围90cm，冠幅6.5m。

3　甘泉镇

位于麦积区中南部，地处渭河以南，南河以西，地势西高东低，南高北低；地形为狭窄河谷川区和山地，最高点位于龙嘴山，海拔2164m；最低点位于吴家寺河川，海拔1090m。区域面积211km²。

镇政府所在地甘泉村，作为历史文化古镇，最著名的就是甘泉寺，甘泉寺原名"太平寺"，因寺内有一眼醇香的泉水，也叫"甘泉寺"。据《秦州直隶州新志》载："马跑泉东南二十里为甘泉寺镇，有甘泉寺，泉在寺中厦下，一名春晓泉。"又记："佛殿中有泉涌出""东流入永川，甘水极盛，旱不竭，冬不冻，土人引以灌田，作寺覆其上，号甘泉寺。"唐肃宗乾元二年（759年），诗人杜甫流寓秦州，曾游其寺，赋《太平寺泉眼》诗篇，赞曰："山头到山下，凿井不尽土。取供十方僧，香美胜牛乳。"现甘泉寺有两棵上千年历史的玉兰树，相传北宋初年为了纪念杜甫旅居天水种植。近代国画大师齐白石题"双玉兰堂"四字，使甘泉双玉兰更加有名。20世纪50年代，甘肃省首任政府主席邓宝珊，时常关注家乡的玉兰树并题词"万丈光芒传老杜，双柯磊落得芳兰"。后来，他把玉兰树的神奇介绍给时年90多岁的国画大师齐白石，请他题名，并画有《杜甫行吟图》，又请国画大师陈半丁画有《双玉兰图》，冯国瑞先生撰文纪事。八角形条石砌筑的甘泉仍保存完好，泉水清洌。春晓泉前，古柏两棵，苍劲挺拔，其中一柏又寄生一棵槐树，槐树中又寄生一棵椿树。邑人前甘肃省长邓宝珊先生生前曾赞三棵套生树为"柏槐孕椿"。

著名的白石峪秦汉古道，也是古树名木的摇篮，从白石村沿途至吴家河、谢家崖、华羊、庙沟，千年古树遍及各村，另外该区古树分布地还有朝阳寺、吴家寺、高家庄、峡门村等古村落。

共有古树名木74株，占麦积区古树总数的20.50%，其中一级古树33株，二级古树6株，三级古树35株。分别占甘泉镇古树总数的44.60%、8.11%、47.30%。古树群1个，隶属14科14属16种2变种。

白皮松 | *Pinus bungeana* Zucc.

俗　名：蟠龙松、虎皮松、白果松、三针松、白骨松、美人松
科　属：松科 Pinaceae　松属 *Pinus*

乔木，高达30m，胸径可达3m；有明显的主干，或从树干近基部分成数干；枝较细长，斜展，形成宽塔形至伞形树冠；幼树树皮光滑，灰绿色，长大后树皮成不规则的薄块片脱落，露出淡黄绿色的新皮，老则树皮呈淡褐灰色或灰白色，裂成不规则的鳞状块片脱落，脱落后近光滑，露出粉白色的内皮，白褐相间成斑鳞状；一年生枝灰绿色，无毛；冬芽红褐色，卵圆形，无树脂。针叶3针一束，粗硬，长5~10cm，径1.5~2mm，叶背及腹面两侧均有气孔线，先端尖，边缘有细锯齿；横切面扇状三角形或宽纺锤形，单层皮下层细胞，在背面偶尔出现1~2个断续分布的第二层细胞，树脂道6~7，边生，稀背面角处有1~2个中生；叶鞘脱落。雄球花卵圆形或椭圆形，长约1cm，多数聚生于新枝基部成穗状，长5~10cm。球果通常单生，初直立，后下垂，成熟前淡绿色，熟时淡黄褐色，卵圆形或圆锥状卵圆形，长5~7cm，径4~6cm，有短梗或几无梗；种鳞矩圆状宽楔形，先端厚，鳞盾近菱形，有横脊，鳞脐生于鳞盾的中央，明显，三角状，顶端有刺，刺之尖头向下反曲，稀尖头不明显；种子灰褐色，近倒卵圆形，长约1cm，径5~6mm，种翅短，赤褐色，有关节易脱落，长约5mm；子叶9~11枚，针形，长3.1~3.7cm，宽约1mm，初生叶窄条形，长1.8~4cm，宽不及1mm，上下面均有气孔线，边缘有细锯齿。花期4~5月，球果第二年10~11月成熟。

为中国特有树种，生长于山西（吕梁山、中条山、太行山）、河南西部、陕西秦岭、甘肃南部及天水麦积山、四川北部江油观雾山及湖北西部等地，生于海拔500~1800m地带，苏州、杭州、衡阳等地均有栽培。为喜光树种，耐瘠薄土壤及较干冷的气候，在气候温凉、土层深厚、肥润的钙质土和黄土上生长良好。

心材黄褐色，边材黄白色或黄褐色，质脆弱，纹理直，有光泽，花纹美丽，比重0.46。可供房屋建筑、家具、文具等用材；种子可食；树姿优美，树皮白色或褐白相间，极为美观，为优良的庭院树种。

编号：62050310220710139
花家岘村，树龄约1100 a，树高18m，胸（地）围280cm，冠幅20m。

油 松 | *Pinus tabuliformis* Carr.

俗　名：巨果油松、紫翅油松、东北黑松、短叶马尾松、红皮松、短叶松
科　属：松科 Pinaceae　松属 *Pinus*

编号：62050310220310229
黄庄村，树龄约150 a，树高21m，胸（地）围160cm，冠幅12m。

编号：62050310220310230
黄庄村，树龄约150 a，树高18m，胸（地）围117cm，冠幅9m。

编号：62050310220310231

黄庄村，树龄约150 a，树高21m，胸（地）围141cm，冠幅9m。

编号：62050310220310232
黄庄村，树龄约150 a，树高21m，胸（地）围128cm，冠幅5.5m。

编号：62050310220310233
黄庄村，树龄约150 a，树高21m，胸（地）围122cm，冠幅6m。

编号：62050310220310234

黄庄村，树龄约150 a，树高22m，胸（地）围125cm，冠幅7.5m。（中）

麦积古树名木 MAIJI GUSHU MINGMU

编号：62050310220310235
黄庄村，树龄约150 a，树高23m，胸（地）围175cm，冠幅10m。（左前）

编号：62050310220310236
黄庄村，树龄约150 a，树高21m，胸（地）围115cm，冠幅8.5m。（左后）

编号：62050310220310237
黄庄村，树龄约150 a，树高21m，胸（地）围115cm，冠幅9m。（右侧）

侧　柏 | *Platycladus orientalis*（Linn.）Franco

俗　名：香柯树、香树、扁桧、香柏、黄柏
科　属：柏科 Cupressaceae　侧柏属 *Platycladus*

编号：62050310100120018
玉兰村（双玉兰堂），树龄约 2500 a，树高17m，胸（地）围360cm 冠幅10m。

麦积古树名木　MAIJI GUSHU MINGMU

编号：62050310220220019
玉兰村（双玉兰堂），树龄约2500 a，树高21m，胸（地）围411cm，冠幅14.5m。

编号：62050310221920024
吴家寺村家庙，树龄约600 a，树高12 m，胸（地）围250 cm，冠幅8 m。（左）

麦积古树名木 MAIJI GUSHU MINGMU

编号：62050310221920025
吴家寺村家庙，树龄约700 a，树高20m，胸（地）围300cm，冠幅13m。（前）

编号：62050310221920026
吴家寺村家庙，树龄约600 a，树高18m，胸（地）围236cm，冠幅11.5m。（左后）

编号：62050310221510023

庙沟村象墩寺，树龄约200 a，树高15m，胸（地）围140cm，冠幅5m。

编号：62050310221510024
庙沟村象墩寺，树龄约200 a，树高10m，胸（地）围138cm，冠幅5.5m。（中）

编号：62050310221510025
庙沟村象墩寺，树龄约200 a，树高10m，胸（地）围103cm，冠幅6m。（右）

编号：62050310222010043

朝阳村朝阳寺，树龄约120 a，树高15m，胸（地）围150cm，冠幅7m。

编号：62050310222010044

朝阳村朝阳寺，树龄约120 a，树高15m，胸（地）围105cm，冠幅4.5m。

第二部分·古 树

编号：62050310222010045
朝阳村朝阳寺，树龄约120 a，树高15m，胸（地）围130cm，冠幅8m。

编号：62050310222010046
朝阳村朝阳寺，树龄约120 a，树高15m，胸（地）围212cm，冠幅8m。

编号：62050310220510157
高家庄村，树龄约150 a，树高15m，胸（地）围181cm，冠幅8m。

编号：62050310222310185

金胡村，树龄约500 a，树高15m，胸（地）围120cm，冠幅5m。

编号：62050310222310186
金胡村，树龄约500 a，树高15m，胸（地）围165cm，冠幅8m。

编号：62050310220310225
黄庄村（水泥厂），树龄约140 a，树高17m，胸（地）围140cm，冠幅10m。

编号：62050310220310226

黄庄村（水泥厂），树龄约150 a，树高15m，胸（地）围110cm，冠幅4m。

编号：620503102203102227

黄庄村（水泥厂），树龄约150 a，树高18m，胸（地）围150cm，冠幅9m。

编号：62050310220310228
黄庄村（水泥厂），树龄约150 a，树高11m，胸（地）围100cm，冠幅5m。

千头柏 | *Platycladus orientalis* 'Sieboldii' Dallimore and Jackson

俗　名：子孙柏、凤尾柏、扫帚柏、千枝柏
科　属：柏科 Cupressaceae　侧柏属 *Platycladus*

　　与侧柏的区别是：丛生灌木，无主干；枝密，上伸；树冠卵圆形或球形；叶绿色。长江流域多栽培做绿篱树或庭院树种。

编号：62050310222310180
金胡村（王家垭壑），树龄约1000 a，树高14m，胸（地）围405cm，冠幅14m。（右）

第二部分·古 树

编号：62050310222310181
金胡村（王家垭壑），树龄约1000 a，树高9m，胸（地）围255cm，冠幅10.5m。（左）

编号：62050310222310182

金胡村（王家垭壑），树龄约1000 a，树高11m，胸（地）围210cm，冠幅8m。（左）

编号：62050310222310183
金胡村，树龄约1000 a，树高13m，胸（地）围330cm，冠幅10m。

编号：62050310222310184

金胡村，树龄约1000 a，树高13m，胸（地）围330cm，冠幅10m。

红豆杉 | *Taxus wallichiana* var. *chinensis* (Pilger) Florin

俗　名：红豆树、观音杉、扁柏、卷柏、胭脂柏
科　属：红豆杉科 Taxaceae　红豆杉属 *Taxus*

乔木，高达30m，胸径60~100cm；树皮灰褐色、红褐色或暗褐色，裂成条片脱落；大枝开展，一年生枝绿色或淡黄绿色，秋季变成绿黄色或淡红褐色，二、三年生枝黄褐色、淡红褐色或灰褐色；冬芽黄褐色、淡褐色或红褐色，有光泽，芽鳞三角状卵形，背部无脊或有纵脊，脱落或少数宿存于小枝的基部。叶排列成两列，条形，微弯或较直，长1~3（多为1.5~2.2）cm，宽2~4mm（多为3mm），上部微渐窄，先端常微急尖，稀急尖或渐尖，上面深绿色，有光泽，下面淡黄绿色，有两条气孔带，中脉带上有密生均匀且微小的圆形角质乳头状突起点，常与气孔带同色，稀色较浅。雄球花淡黄色，雄蕊8~14枚，花药4~8（多为5~6）。种子生于杯状红色肉质的假种皮中，间或生于近膜质盘状的种托（即未发育成肉质假种皮的珠托）上，常呈卵圆形，上部渐窄，稀倒卵状，长5~7mm，径3.5~5mm，微扁或圆，上部常具二钝棱脊，稀上部三角状具三条钝脊，先端有突起的短钝尖头，种脐近圆形或宽椭圆形，稀三角状圆形。

为中国特有树种，产于甘肃南部、陕西南部、四川、云南东北部及东南部、贵州西部及东南部、湖北西部、湖南东北部、广西北部和安徽南部（黄山），常生于海拔1000~1200m以上的高山上部。

麦积古树名木 MAIJI GUSHU MINGMU

编号：62050310221510027
庙沟村山神庙，树龄约100 a，树高7m，胸（地）围125cm，冠幅6m。

第二部分·古 树

编号：62050310222010132
朝阳村朝阳寺，树龄约 1300 a，树高 13m，胸（地）围 165cm，冠幅 11.5m。

123

编号：62050310222010134
朝阳村朝阳寺，树龄约150 a，树高13m，胸（地）围95cm，冠幅7m。

编号：62050310220310219
黄庄村，树龄约200 a，树高12m，胸（地）围155cm，冠幅6.5m。

武当玉兰 | *Yulania sprengeri*（Pamp.）D.L.Fu

俗　名：玉兰、迎春树、湖北木兰、武当木兰
科　属：木兰科 Magnoliaceae　玉兰属 *Yulania*

　　落叶乔木，高可达21m，树皮淡灰褐色或黑褐色，老干皮具纵裂沟成小块片状脱落。小枝淡黄褐色，后变灰色，无毛。叶倒卵形，长10~18cm，宽4.5~10cm，先端急尖或急短渐尖，基部楔形，上面仅沿中脉及侧脉疏被平伏柔毛，下面初被平伏细柔毛，叶柄长1~3cm；托叶痕细小。花蕾直立，被淡灰黄色绢毛，花先叶开放，杯状，有芳香，花被片12（14），近相似，外面玫瑰红色，有深紫色纵纹，倒卵状匙形或匙形，长5~13cm，宽2.5~3.5cm，雄蕊长10~15mm，花药长约5mm，稍分离，药隔伸出成尖头，花丝紫红色，宽扁；雌蕊群圆柱形，长2~3cm，淡绿色，花柱玫瑰红色。聚果圆柱形，长6~18cm；蓇葖扁圆，成熟时褐色。花期3~4月，果期8~9月。

　　生长于陕西、甘肃南部、河南西南部、湖北西部、湖南西北部（桑植）、四川东部和东北部。生于海拔1300~2400m的山林间或灌丛中。

　　花蕾代用辛夷，含挥发油0.8%~1.8%，树皮代用厚朴，含挥发油约0.25%，其中含厚朴有效成分β-桉叶醇（β-eudesmol），花大美丽，为优良庭院树种，已引种至欧美。

编号：62050310220220016
玉兰村（双玉兰堂），树龄约1300 a，树高15.5m，胸（地）围268cm，冠幅12.5m。（右）

编号：62050310220220017
玉兰村（双玉兰堂），树龄约1300 a，树高17.5m，胸（地）围215cm，冠幅13.5m。（左）

编号：62050310221510022
花羊村，树龄约1000 a，树高16m，胸（地）围450cm，冠幅21.5m。

柽 柳 | *Tamarix chinensis* Lour.

俗　名：西河柳、三春柳、红柳、香松
科　属：柽柳科 Tamaricaceae　柽柳属 *Tamarix*

乔木或灌木，高3~6（~8）m。叶鲜绿色，从往年生木质化生长枝上生出的绿色营养枝的叶长圆状披针形或长卵形，长1.5~1.8mm，稍开展，先端尖，基部背面有龙骨状隆起，常呈薄膜质；上部绿色营养枝上的叶钻形或卵状披针形，半贴生，先端渐尖且内弯，基部变窄，长1~3mm，背面有龙骨状突起。每年开花两三次。春季开花：总状花序侧生在往年生木质化的小枝上，长3~6cm，宽5~7mm；花5出；萼片5；花瓣5，粉红色；雄蕊5；子房圆锥状瓶形，花柱3。蒴果圆锥形。夏、秋季开花；总状花序长3~5cm；花5出，较春季花略小，密生；花盘5裂；雄蕊5。花期4~9月。

野生于辽宁、河北、河南、山东、江苏（北部）、安徽（北部）等地；栽培于中国东部至西南部各地。喜生于河流冲积平原、海滨、滩头、潮湿盐碱地和沙荒地。日本、美国也有栽培。

本种适于温带海滨河畔等处湿润盐碱地，沙荒地造林之用，木材质密且重，可做薪炭柴，亦可做农具用材。其细枝柔韧耐磨，多用来编筐，坚实耐用；其枝亦可编耱和农具柄把。其枝叶纤细悬垂，婀娜可爱，一年开花三次，鲜绿粉红花相映成趣，多栽于庭院、公园等处做观赏用。枝叶药用为解表发汗药，有去除麻疹之效。

编号：62050310221390001

白石村三官庙，树龄约200 a，树高9m，胸（地）围120cm，冠幅7.2m。

垂　柳 | *Salix babylonica* Linn.

俗　名：柳树、倒柳
科　属：杨柳科 Salicaceae　柳属 *Salix*

编号：62050310221310019
白石村麦积大道路边，树龄约120 a，树高28m，胸（地）围458cm，冠幅18.5m。

麦积古树名木 MAIJI GUSHU MINGMU

编号：62050310220710136

峡门村麦积大道路边，树龄约500 a，树高22m，胸（地）围492cm，冠幅22.5m。

旱　柳 | *Salix matsudana* Koidz

俗　名：柳树
科　属：杨柳科 Salicaceae　柳属 *Salix*

乔木，高达18m，胸径达80cm。叶披针形，长5~10cm，宽1~1.5cm，先端长渐尖，基部窄圆形或楔形。花序与叶同时开放；雄花序圆柱形，长1.5~2.5（~3）cm，粗6~8mm，多数少有花序梗，轴有长毛；雄蕊2，花丝基部有长毛，花药卵形，黄色；苞片卵形，黄绿色，先端钝，基部多数少有短柔毛；腺体2；雌花序较雄花序短，长达2cm，粗4mm，有3~5小叶生于短花序梗上，轴有长毛；子房长椭圆形，近无柄，无毛，无花柱或很短，柱头卵形，近圆裂；苞片同雄花；腺体2，背生和腹生。果序长达2（2.5）cm。花期4月，果期4~5月。

生长于东北、华北平原、西北黄土高原，西至甘肃、青海，南至淮河流域以及浙江、江苏。为平原地区常见树种。抗旱、耐湿、耐寒。模式标本采自甘肃兰州。朝鲜、日本、俄罗斯远东地区也有分布。

用种子、扦插和埋条等方法繁殖。木材白色，质轻软，比重0.45，供建筑器具、造纸、人造棉、火药等用；细枝可编筐；为早春蜜源树，又为固沙保土四旁绿化树种。叶为冬季羊饲料。

麦积古树名木 MAIJI GUSHU MINGMU

编号：62050310220310224
黄庄村山神庙，树龄约200 a，树高13m，胸（地）围285cm，冠幅14.5m。

刺叶高山栎 | *Quercus spinosa* David ex Franchet

俗　名：刺叶栎、川西栎、铁橡树、铁刨子
科　属：壳斗科 Fagaceae　栎属 *Quercus*

常绿乔木或灌木，高达15m。叶面皱褶不平，叶片倒卵形、椭圆形，长2.5~7cm，宽1.5~4cm，顶端圆钝，基部圆形或心形，叶缘有刺状锯齿或全缘，幼叶两面被腺状单毛和束毛，老叶仅叶背中脉下段被灰黄色星状毛，其余无毛；叶柄长2~3mm。雄花序长4~6cm，花序轴被疏毛；雌花序长1~3cm。壳斗杯形，包着坚果1/4~1/3，直径1~1.5cm，高6~9mm；小苞片三角形，长1~1.5mm，排列紧密。坚果卵形至椭圆形，直径1~1.3cm，高1.6~2cm。花期5~6月，果期翌年9~10月。

生长于陕西、甘肃、江西、福建、台湾、湖北、四川、贵州、云南等地。生于海拔900~3 000m的山坡、山谷森林中，常生于岩石裸露的峭壁上。缅甸也有分布。

编号：62050310221510026
庙沟村，树龄约100 a，树高11m，胸（地）围110cm，冠幅5.5m。

编号：62050310222010133
朝阳村朝阳寺，树龄约1300 a，树高14m，胸（地）围110cm，冠幅9m。

鹅耳枥 | *Carpinus turczaninowii* Hance

俗　名：米叶子、穗子榆
科　属：桦木科 Betulaceae　鹅耳枥属 *Carpinus*

乔木，高 5~10m；树皮暗灰褐色，粗糙，浅纵裂。叶卵形、宽卵形、卵状椭圆形或卵菱形，有时卵状披针形，长 2.5~5cm，宽 1.5~3.5cm，顶端锐尖或渐尖，基部近圆形或宽楔形，有时微心形或楔形，边缘具规则或不规则的重锯齿；叶柄长 4~10mm，疏被短柔毛。果序长 3~5cm；序梗长 10~15mm，序梗、序轴均被短柔毛；果苞变异较大，半宽卵形、半卵形、半矩圆形至卵形，长 6~20mm，宽 4~10mm。小坚果宽卵形，长约 3mm，无毛，有时顶端疏生长柔毛，无或有时上部疏生树脂腺体。

生长于辽宁南部、山西、河北、河南、山东、陕西、甘肃等地。生于海拔 500~2000m 的山坡或山谷林中，山顶及贫瘠山坡亦能生长。朝鲜、日本也有。

木材坚韧，可制作农具、家具、日用小器具等。种子含油，可供食用或工业用。

编号：62050310220310220
黄庄村，树龄约 200 a，树高 14m，胸（地）围 160cm，冠幅 11m。

编号：62050310220310221
黄庄村，树龄约300 a，树高14m，胸（地）围260cm，冠幅19m。

槐 | *Styphnolobium japonicum* (L.) Schott

俗　名：蝴蝶槐、国槐、金药树、豆槐、槐花树、槐花木、守宫槐、紫花槐、槐树、堇花槐、毛叶槐、宜昌槐、早开槐

科　属：豆科 Fabaceae　槐属 *Styphnolobium*

编号：62050310221410020
谢家崖，树龄约800 a，树高26m，胸（地）围540cm，冠幅21.5m。

麦积古树名木 MAIJI GUSHU MINGMU

编号：62050310221510028
四房湾村，树龄约100 a，树高21m，胸（地）围230cm，冠幅16m。

编号：62050310221510029
四房湾村，树龄约300 a，树高24m，胸（地）围270cm，冠幅30m。

麦积古树名木　MAIJI GUSHU MINGMU

编号：62050310221510030
四房湾村，树龄约300 a，树高24m，胸（地）围225cm，冠幅20m。

编号：62050310221310031
白石村三官庙，树龄约300 a，树高14m，胸（地）围350cm，冠幅10m。

麦积古树名木 MAIJI GUSHU MINGMU

编号：62050310222010135
朝阳村朝阳寺，树龄约500 a，树高15m，胸（地）围300cm，冠幅18m。（右）

第二部分·古 树

编号：62050310220710137
峡门村，树龄约1200 a，树高9m，胸（地）围355cm，冠幅8m。

麦积古树名木 MAIJI GUSHU MINGMU

编号：62050310220710138
峡门村，树龄约1200 a，树高17m，胸（地）围460cm，冠幅16m。

编号：62050310220710152
峡门村，树龄约140 a，树高18m，胸（地）围165cm，冠幅13.5m。

编号：62050310220510153
高庄村，树龄约1200 a，树高15m，胸（地）围330cm，冠幅8m。

第二部分·古　树

编号：62050310220510154
高庄村，树龄约1100 a，树高21m，胸（地）围390cm，冠幅21m。（左）

编号：62050310220510156
高庄村，树龄约1100 a，树高18m，胸（地）围270cm，冠幅17m。（右）

麦积古树名木　MAIJI GUSHU MINGMU

编号：62050310222310188
金胡村，树龄约500 a，树高13m，胸（地）围280cm，冠幅20m。

编号：62050310220310223
黄庄村，树龄约150 a，树高24m，胸（地）围210cm，冠幅18m。

编号：62050310220610259
西枝村阳湾里，树龄约800 a，树高26m，胸（地）围880cm，冠幅24m。

编号：62050310220610260
西枝村阳湾里，树龄约150 a，树高23m，胸（地）围263cm，冠幅25m。

麦积古树名木　MAIJI GUSHU MINGMU

编号：62050310220610261
西枝村阳湾里，树龄约150 a，树高14m，胸（地）围212cm，冠幅13m。

第二部分·古 树

编号：62050310221920020
吴家寺村，树龄约600 a，树高24.6m，胸（地）围600cm，冠幅15.5m。

编号：62050310221920021

吴家寺村，树龄约500 a，树高21m，胸（地）围365cm，冠幅15.5m。

编号：62050310221920022

吴家寺村，树龄约600 a，树高24m，胸（地）围520cm，冠幅26m。

榆 树 | *Ulmus pumila* L.

俗　名：榆、白榆、家榆、钻天榆、钱榆、长叶家榆、黄药家榆
科　属：榆科 Ulmaceae　榆属 *Ulmus*

落叶乔木，高达25m，胸径1m。叶椭圆状卵形、长卵形、椭圆状披针形或卵状披针形，长2~8cm，宽1.2~3.5cm，先端渐尖或长渐尖，基部偏斜或近对称，边缘具重锯齿或单锯齿，侧脉每边9~16条，叶柄长4~10mm。花先叶开放，在去年生枝的叶腋成簇生状。翅果近圆形，稀倒卵状圆形，长1.2~2cm，除顶端缺口柱头面被毛外，余处无毛，果核部分位于翅果的中部，上端不接近或接近缺口，成熟前后其色与果翅相同，初淡绿色，后白黄色，宿存花被无毛，4浅裂，裂片边缘有毛，果梗较花被为短，长1~2mm，被（或稀无）短柔毛。花果期3~6月。

分布于东北、华北、西北及西南各地。生于海拔1000~2500m以下的山坡、山谷、川地、丘陵及沙岗等处。长江下游各地有栽培。也为华北及淮北平原农村的习见树木。朝鲜、俄罗斯、蒙古国也有分布。

边材窄，淡黄褐色，心材暗灰褐色，纹理直，结构略粗，坚实耐用。供家具、车辆、农具、器具、桥梁、建筑等用。树皮内含淀粉及黏性物，磨成粉称榆皮面。掺合面粉中可食用，为做醋原料；枝皮纤维坚韧，可代麻制绳索、麻袋或做人造棉与造纸原料；幼嫩翅果与面粉混拌可蒸食，老果含油25%，可供医药和轻工业、化工业用；叶可做饲料。树皮、叶及翅果均可药用，能安神、利小便。

阳性树，生长快，根系发达，适应性强，能耐干冷气候及中度盐碱，但不耐水湿（能耐雨季水涝）。在土壤深厚、肥沃、排水良好的冲积土及黄土高原生长良好。可做西北荒漠、华北及淮北平原、丘陵及东北荒山、砂地及滨海盐碱地的造林或"四旁"绿化树种。

第二部分·古 树

编号：62050310221920023
吴家寺村，树龄约600 a，树高 14.5m，胸（地）围 300cm，冠幅14m。

紫弹树 | *Celtis biondii* Pamp.

俗　名：沙楠子树、异叶紫弹、毛果朴、全缘叶紫弹树、黑弹朴
科　属：大麻科 Cannabaceae　朴属 *Celtis*

　　落叶小乔木至乔木，高达 18m，树皮暗灰色。叶宽卵形、卵形至卵状椭圆形，长 2.5~7cm，宽 2~3.5cm，基部钝至近圆形，稍偏斜，先端渐尖至尾状渐尖，在中部以上疏具浅齿；叶柄长 3~6mm。托叶条状披针形。果序单生叶腋，通常具 2 果（少有 1 或 3 果），由于总梗极短，很像果梗双生于叶腋，总梗连同果梗长 1~2cm，被糙毛；果幼时被疏或密的柔毛，后毛逐渐脱净，黄色至橘红色，近球形，直径约 5mm，核两侧稍压扁，侧面观近圆形，直径约 4mm，具 4 肋，表面具明显的网孔状。花期 4~5 月，果期 9~10 月。

　　分布于广东、广西、贵州、云南、四川、甘肃、陕西、河南、湖北、福建、浙江、台湾、江西、浙江、江苏、安徽等地。多生于山地灌丛或杂木林中，可生于石灰岩上，海拔 50~2000m。日本、朝鲜也有分布。

编号：62050310220310222
黄庄村，树龄约300 a，树高11m，胸（地）围230cm，冠幅11.5m。

臭 椿 | *Ailanthus altissima*（Mill.）Swingle

俗　名：樗、皮黑樗、黑皮樗、黑皮互叶臭椿、南方椿树、椿树、黑皮椿树、灰黑皮椿树、灰黑皮樗

科　属：苦木科 Simaroubaceae　臭椿属 *Ailanthus*

落叶小乔木至乔木，高达18m，树皮暗灰色。叶宽卵形、卵形至卵状椭圆形，长2.5～7cm，宽2～3.5cm，基部钝至近圆形，稍偏斜，先端渐尖至尾状渐尖，在中部以上疏具浅齿；叶柄长3～6mm。托叶条状披针形。果序单生叶腋，通常具2果（少有1或3果），由于总梗极短，很像果梗双生于叶腋，总梗连同果梗长1～2cm，被糙毛；果幼时被疏或密的柔毛，后毛逐渐脱净，黄色至橘红色，近球形，直径约5mm，核两侧稍压扁，侧面观近圆形，直径约4mm，具4肋，表面具明显的网孔状。花期4～5月，果期9～10月。

分布于广东、广西、贵州、云南、四川、甘肃、陕西、河南、湖北、福建、浙江、台湾、江西、浙江、江苏、安徽等地。多生于山地灌丛或杂木林中，可生于石灰岩上，海拔50～2000m。日本、朝鲜也有分布。

编号：62050310222310187
金胡村，树龄约150 a，树高18m，胸（地）围190cm，冠幅12m。

梾 木 | *Cornus macrophylla* Wall.

俗　名：椋子木、高山梾木
科　属：山茱萸科 Cornaceae　山茱萸属 *Cornus*

乔木，高达20（~25）m。幼枝具棱角。叶纸质，对生，椭圆形或卵状长圆形，稀倒卵长圆形，长8~16cm，宽4~8cm，先端急尖或短尖，基部宽楔形或近圆，稀微不对称，下面具乳状突起及灰白色伏生短柔毛，沿叶脉毛为褐色，侧脉6~8对，弧状上升，网脉微横出；叶柄长3~5cm。顶生伞房状，聚伞花序长5~7cm，疏被短柔毛；花序梗长2.5~4cm。花白色，径0.8~1cm。核果近圆球形，径4~6mm，成熟时黑色；核骨质，扁球形，具2浅沟及6条纵肋纹。花期6~7（9）月，果期7~10（11）月。

分布于山西、河南、山东、江苏、安徽、浙江、台湾、江西西北部、湖北、湖南、贵州、云南、西藏、四川、甘肃南部、宁夏南部及陕西等地，生于海拔800~2400（3600）m沟边林中。阿富汗、印度、尼泊尔、巴基斯坦、缅甸及日本有分布。树皮、种子对治高血酯有明显疗效。

第二部分·古 树

编号：62050310220310238
黄庄村（水泥厂），树龄约300 a，树高11m，胸（地）围230cm，冠幅4.5m。

灰 楸 | *Catalpa fargesii* Bureau

俗　名：光灰楸、紫花楸、楸木、紫楸、川楸、滇楸、楸树

科　属：紫葳科 Bignoniaceae　梓属 *Catalpa*

乔木，高达25m。叶厚纸质，卵形或三角状心形，长13~20cm，宽10~13cm，顶端渐尖，基部截形或微心形，侧脉4~5对，基部有3出脉；叶柄长3~10cm。顶生伞房状总状花序，有花7~15朵。花萼2裂近基部，裂片卵圆形。花冠淡红色至淡紫色，内面具紫色斑点，钟状，长约3.2cm。雄蕊2，内藏，退化雄蕊3，花丝着生于花冠基部，花药广歧，长3~4mm。花柱丝形，细长，长约2.5cm，柱头2裂；子房2室，胚珠多数。蒴果细圆柱形，下垂，长55~80cm，果爿革质，2裂。种子椭圆状线形，薄膜质，两端具丝状种毛，连毛长5~6cm。花期3~5月，果期6~11月。

分布于陕西、甘肃、河北、山东、河南、湖北、湖南、广东、广西、四川、贵州、云南等地。生于村庄边、山谷中，海拔700~1300（1450~2500）m。

常栽培做庭院观赏树、行道树；木材细致，为优良的建筑、家具用材树种；嫩叶、花供蔬食，叶可喂猪；果入药，利尿；根皮治皮肤病；皮、叶浸液做农药，可治稻螟、飞虱。

编号：62050310221410021
谢崖村，树龄约800 a，树高14m，胸（地）围500cm，冠幅11.5m。

4 渭南镇

位于麦积区北部，地处三阳川渭河南岸，地势东高西低；地形为土石质山、黄土丘陵梁峁沟壑、河谷平川；境内最高点位于蒲石村，海拔1880m；最低点位于渭河河谷，海拔1156m。区域面积98.84km²。景点有伏羲卦台山。古树名木主要分布于卦台山、旱阳寺等地。

共有古树名木14株，占麦积区古树总数的3.88%，其中一级古树1株，二级古树11株，三级古树2株。分别占渭南镇古树总数的7.14%、78.57%、14.29%。古树群1个。隶属2科2属2种。

侧　柏

Platycladus orientalis（Linn.）Franco

俗　名：香柯树、香树、扁桧、香柏、黄柏
科　属：柏科 Cupressaceae　侧柏属 *Platycladus*

编号：62050310321410067

青宁村早阳寺，树龄约1100 a，树高22m，胸围390cm，冠幅17.5m。

麦积古树名木　MAIJI GUSHU MINGMU

编号：62050310321220008

吴家村卦台山，树龄约400 a，树高12m，胸（地）围130cm，冠幅7m。

编号：62050310321220009
吴家村卦台山，树龄400 a，树高20m，胸（地）围195cm，冠幅8m。

编号：62050310321220010

吴家村卦台山，树龄400 a，树高10m，胸（地）围118cm，冠幅5m。

编号：62050310321220011

吴家村卦台山，树龄约400 a，树高22m，胸（地）围206cm，冠幅11.5m。

编号：62050310321220012

吴家村卦台山，树龄约400 a，树高23m，胸（地）围151cm，冠幅6m。

编号：62050310321220013

吴家村卦台山，树龄约400 a，树高16m，胸（地）围138cm，冠幅6m。

麦积古树名木 MAIJI GUSHU MINGMU

编号：62050310321220014

吴家村卦台山，树龄约400 a，树高17m，胸（地）围166cm，冠幅7.5m。

编号：62050310321220015

吴家村卦台山，树龄约400 a，树高16m，胸（地）围160cm，冠幅9.5m。

麦积古树名木 MAIJI GUSHU MINGMU

编号：62050310321220016

吴家村卦台山，树龄约400 a，树高16m，胸（地）围126cm，冠幅5.5m。

编号：62050310321220017

吴家村卦台山，树龄约400 a，树高16m，胸（地）围110cm，冠幅5.5m。

编号：62050310321220018

吴家村卦台山，树龄约400 a，树高16m，胸（地）围165cm，冠幅7.5m。

编号：62050310321220019
吴家村卦台山，树龄约200 a，树高13m，胸（地）围125cm，冠幅7.5m。

白 杜 | *Euonymus maackii* Rupr

俗　名：丝绵木、桃叶卫矛、明开夜合、华北卫矛、桃叶卫矛

科　属：卫矛科 Celastraceae　卫矛属 *Euonymus*

小乔木，高达6m。叶卵状椭圆形、卵圆形或窄椭圆形，长4~8cm，宽2~5cm，先端长渐尖，基部阔楔形或近圆形，边缘具细锯齿，有时极深而锐利；叶柄通常细长，常为叶片的1/4~1/3，但有时较短。聚伞花序3，至多花，花序梗略扁，长1~2cm；花4，淡白绿色或黄绿色，直径约8mm；小花梗长2.5~4mm；雄蕊花药紫红色，花丝细长，长1~2mm。蒴果倒圆心状，4浅裂，长6~8mm，直径9~10mm，成熟后果皮粉红色；种子长椭圆状，长5~6mm，直径约4mm，种皮棕黄色，假种皮橙红色，全包种子，成熟后顶端常有小口。花期5~6月，果期9月。

分布广，黑龙江、华北、内蒙古、长江南岸各地、甘肃，除陕西西南和广东、广西未见野生外，其他各地均有，但长江以南常以栽培为主。分布达乌苏里地区、西伯利亚南部和朝鲜半岛。

编号：62050310323010013
吴家村卦台山，树龄约120 a，树高11m，胸围130cm，冠幅11m。

5　东岔镇

　　位于麦积区最东部，地处秦岭山脉北麓，小陇山东北部，地势南高北低；地形分为山地和狭窄的河谷川地，最高点位于秦岭大堡，海拔2498m；最低点位于渭河河谷牛背，海拔748m，是麦积区海拔最低处。区域面积396.74km²。古树名木主要分布于桃花坪古村落。

　　共有古树名木12株，占麦积区古树总数的3.22%，其中二级古树1株，三级古树11株。分别占东岔镇古树总数的8.33%、91.67%。隶属5科6属6种。

油　松 | *Pinus tabuliformis* Carr.

俗　名：巨果油松、紫翅油松、东北黑松、短叶马尾松、红皮松、短叶松
科　属：松科 Pinaceae　松属 *Pinus*

第二部分·古 树

编号：62050310420801005
桃花坪观音山（山脊观音山二门下），树龄约150 a，树高15m，胸（地）围217cm，冠幅11m。

编号：62050310420801012
桃花七组下崖李四银屋后，树龄约130 a，树高13m，胸（地）围161cm，冠幅6m。

侧 柏 | *Platycladus orientalis*（Linn.）Franco

俗　名：香柯树、香树、扁桧、香柏、黄柏、柏树
科　属：柏科 Cupressaceae　侧柏属 *Platycladus*

编号：62050310420801001
桃花坪土桥村（戏楼院外），树龄约150 a，树高16m，胸（地）围144cm，冠幅6m。

麦积古树名木 MAIJI GUSHU MINGMU

编号：62050310420801002

东岔镇桃花坪土桥村（戏楼院内），树龄约200 a，树高22m，胸（地）围198 cm，冠幅7m。

编号：62050310420801006

桃花坪大曹沟（山坡野生），树龄约130 a，树高14m，胸（地）围154 cm，冠幅9m。

编号：62050310420801007
桃花坪大曹沟（山坡野生），树龄约180 a，树高15m，胸（地）围201 cm，冠幅12m。

槐 | *Styphnolobium japonicum* (L.) Schott

俗　名：蝴蝶槐、国槐、金药树、豆槐、槐花树、槐花木、守宫槐、紫花槐、槐树、堇花槐、毛叶槐、宜昌槐、早开槐
科　属：豆科 Fabaceae　槐属 *Styphnolobium*

编号：62050310420801003
桃花坪张家门村，树龄约140 a，树高20m，胸（地）围245 cm，冠幅16m。

桑 | *Morus alba* L.

俗　名：桑树、家桑、蚕桑
科　属：桑科 Moraceae　桑属 *Morus*

乔木或灌木，高3~10m或更高，胸径可达50cm，树皮厚，灰色，具不规则浅纵裂；冬芽红褐色，卵形，芽鳞覆瓦状排列，灰褐色，有细毛；小枝有细毛。叶卵形或广卵形，长5~15cm，宽5~12cm，先端急尖、渐尖或圆钝，基部圆形至浅心形，边缘锯齿粗钝，有时叶为各种分裂，表面鲜绿色，无毛，背面沿脉有疏毛，脉腋有簇毛；叶柄长1.5~5.5cm，具柔毛；托叶披针形，早落，外面密被细硬毛。花单性，腋生或生于芽鳞腋内，与叶同时生出；雄花序下垂，长2~3.5cm，密被白色柔毛，雄花。花被片宽椭圆形，淡绿色。花丝在芽时内折，花药2室，球形至肾形，纵裂；雌花序长1~2cm，被毛，总花梗长5~10mm，被柔毛，雌花无梗，花被片倒卵形，顶端圆钝，外面和边缘被毛，两侧紧抱子房，无花柱，柱头2裂，内面有乳头状突起。聚花果卵状椭圆形，长1~2.5cm，成熟时红色或暗紫色。花期4~5月，果期5~8月。

本种原产中国中部和北部，现由东北至西南各地，西北直至新疆均有栽培。朝鲜、日本、蒙古国、中亚各国、俄罗斯、欧洲等地以及印度、越南亦均有栽培。

树皮纤维柔细，可做纺织原料、造纸原料；根皮、果实及枝条入药。叶为养蚕的主要饲料，亦做药用，并可做土农药。木材坚硬，可制家具、乐器、雕刻等。桑葚可以酿酒，称桑子酒。

第二部分·古 树

编号：62050310420501004
东岔村6号桥桥头，树龄约120 a，树高8m，胸（地）围182cm，冠幅5m。

编号：62050310420501010
东岔村6号桥桥头，树龄约120 a，树高6m，胸（地）围182cm，冠幅4m。

板栗 | *Castanea mollissima* Blume

俗　名：栗子、毛栗、油栗
科　属：壳斗科 Fagaceae　栗属 *Castanea*

　　高达20m的乔木，胸径80cm，冬芽长约5mm，小枝灰褐色，托叶长圆形，长10~15mm，被疏长毛及鳞腺。叶椭圆至长圆形，长11~17cm，宽稀达7cm，顶部短至渐尖，基部近截平或圆，或两侧稍向内弯而呈耳垂状，常一侧偏斜而不对称，新生叶的基部常狭楔尖且两侧对称，叶背被星芒状伏贴绒毛或因毛脱落变为几无毛；叶柄长1~2cm。雄花序长10~20cm，花序轴被毛；花3~5朵，聚生成簇，雌花1~3(~5)朵发育结实，花柱下部被毛。成熟壳斗的锐刺有长有短，有疏有密，密时全遮蔽壳斗外壁，疏时则外壁可见，壳斗连刺径4.5~6.5cm；坚果高1.5~3cm，宽1.8~3.5cm。花期4~6月，果期8~10月。

　　除青海、宁夏、新疆、海南等地外广布南北各地，在广东止于广州近郊，在广西止于平果县，在云南东南部则越过河口向南至越南沙坝地区。见于平地至海拔2800m山地，仅见栽培。

　　栗子除富含淀粉外，尚含单糖与双糖及胡萝卜素、硫胺素、核黄素、尼克酸、抗坏血酸、蛋白质、脂肪、无机盐类等营养物质。

　　栗木的心材黄褐色，边材色稍淡，心边材界限不甚分明。纹理直，结构粗，坚硬，耐水湿，属优质材。壳斗及树皮富含没食子类鞣质。叶可做蚕饲料。

麦积古树名木 MAIJI GUSHU MINGMU

编号:62050310420801011

桃花坪大曹沟,树龄约270 a,树高12m,胸(地)围259cm,冠幅11m。

栓皮栎 | *Quercus variabilis* Blume

俗　名：软木、粗皮青冈
科　属：壳斗科 Fagaceae　栎属 *Quercus*

落叶乔木，高达30m，胸径1m以上，树皮黑褐色，深纵裂，木栓层发达。小枝灰棕色，无毛；芽圆锥形，芽鳞褐色，具缘毛。叶片卵状披针形或长椭圆形，长8~15（~20）cm，宽2~6（~8）cm，顶端渐尖，基部圆形或宽楔形，叶缘具刺芒状锯齿，叶背密被灰白色星状绒毛，侧脉每边13~18条，直达齿端；叶柄长1~3（~5）cm，无毛。雄花序长达14cm，花序轴密被褐色绒毛，花被4~6裂，雄蕊10枚或较多；雌花序生于新枝上端叶腋，花柱30壳斗杯形，包着坚果2/3，连小苞片直径2.5~4cm，高约1.5cm；小苞片钻形，反曲，被短毛。坚果近球形或宽卵形，径约1.5cm，顶端圆，果脐凸起。花期3~4月，果期翌年9~10月。

分布于辽宁、河北、山西、陕西、甘肃、山东、江苏、安徽、浙江、江西、福建、台湾、河南、湖北、湖南、广东、广西、四川、贵州、云南等地。华北地区通常生于海拔800m以下的阳坡，西南地区可达海拔2000~3000m。

木材为环孔材，边材淡黄色，心材淡红色，气干密度0.87g/cm^3；树皮木栓层发达，是中国生产软木的主要原料；树皮含蛋白质10.56%；栎实含淀粉59.3%，含单宁5.1%；壳斗、树皮富含单宁，可提取栲胶。

麦积古树名木 MAIJI GUSHU MINGMU

编号：62050310420801008

桃花坪大曹沟，树龄约300 a，树高22m，胸（地）围283cm，冠幅15m。

编号：62050310420801009
白杨岭桃花七组下崖，树龄约150 a，树高21m，胸（地）围308cm，冠幅11m。

6　花牛镇

　　位于麦积区西城郊，地处秦州和麦积两区中心地带，地势东高西低，南高北低；地形复杂、山峦起伏、沟壑纵横，大部为山地；渭河由西向东穿越镇北部，秦岭由东向西横亘南部；境内最高点位于上湾立石子自然村，海拔1856m，最低点位于南河川区。是邓宝珊将军的故里，是花牛苹果的故乡，因盛产花牛苹果而得名。总面积118.97km²。古树名木主要分布于朝阳寺、清净寺等寺院和二十铺村等古村落。

　　共有古树名木6株，占麦积区古树总数的1.67%，其中一级古树4株，二级古树2株。分别占花牛镇古树总数的66.67%、33.33%。隶属3科3属3种。

侧　柏　|　*Platycladus orientalis*（Linn.）Franco

俗　名：香柯树、香树、扁桧、香柏、黄柏
科　属：柏科 Cupressaceae　侧柏属 *Platycladus*

第二部分·古 树

编号：62050310522620022
毛集村朝阳寺，树龄约600 a，树高17m，胸（地）围186cm，冠幅9m。

201

编号：62050310522620023
毛集村朝阳寺，树龄约600 a，树高15m，胸（地）围157cm，冠幅6.5m。

编号：62050310521320024
靳庄村清净寺，树龄约300 a，树高16m，胸（地）围230cm，冠幅11m。

麦积古树名木 MAIJI GUSHU MINGMU

编号：62050310521320025

靳庄村清净寺，树龄300 a，树高9m，胸（地）围125cm，冠幅7.5m。

槐 | *Styphnolobium japonicum* (L.) Schott

俗　名：蝴蝶槐、国槐、金药树、豆槐、槐花树、槐花木、守宫槐、紫花槐、槐树、堇花槐、毛叶槐、宜昌槐、早开槐
科　属：豆科 Fabaceae　槐属 *Styphnolobium*

编号：62050310520720020
二十铺村，树龄约500 a，树高20m，胸（地）围417cm，冠幅18m。

梾 木 | *Cornus macrophylla* Wall.

俗　名：椋子木、高山梾木
科　属：山茱萸科 Cornaceae　山茱萸属 *Cornus*

编号：62050310522620021
毛集村朝阳寺，树龄600 a，树高8m，胸（地）围320cm，冠幅12m。

7　中滩镇

　　位于麦积区西北部，地处三阳川渭河与葫芦河之间，地势西北高东南低，地形为河川地，最高点位于杨成村，海拔1600m；最低点位于雷王村，海拔1160m。区域面积48.78km^2。辖区有省级文物保护单位樊家城遗址，该遗址属新石器时代仰韶类文化遗存。该区古树名木主要分布在演营寺，相传唐朝樊梨花占据樊家城时，曾在该寺演练兵马，故名。演营寺建筑布局的特征为"三柏朝九殿，两槐抱一塔"。记载寺内有千年以上古柏7株，古槐2株，苍劲挺拔，数人合抱，为国内罕见。现寺内仅存古柏4株。

　　共有古树名木5株，占麦积区古树总数的1.39%，其中一级古树5株，占中滩镇古树总数的100%，隶属1科1属1种1变种。

侧　柏 | *Platycladus orientalis*（Linn.）Franco

俗　名：香柯树、香树、扁桧、香柏、黄柏、柏树
科　属：柏科 Cupressaceae　侧柏属 *Platycladus*

麦积古树名木 MAIJI GUSHU MINGMU

编号：62050310620610008
四合村演营寺，树龄约2300 a，树高22m，胸（地）围630cm，冠幅15m。

编号：62050310620610009
四合村演营寺，树龄约2300 a，树高20m，胸（地）围345cm，冠幅7m。

编号：62050310620610010

四合村演营寺，树龄约2300 a，树高20m，胸（地）围310cm，冠幅7.5m（中）。

编号：62050310620610011

四合村演营寺，树龄约2300 a，树高20m，胸（地）围260cm，冠幅8m（左）。

千头柏 | *Platycladus orientalis* 'Sieboldii' Dallimore and Jackson

俗　名：子孙柏、凤尾柏、扫帚柏、千枝柏
科　属：柏科 Cupressaceae　侧柏属 *Platycladus*

编号：62050310621010012
缑杨村，树龄约500 a，树高17m，胸（地）围170cm，冠幅15.0m。

8 新阳镇

位于麦积区西北部，地处渭河南岸，凤凰山北麓，地势西高东低；地形是由渭河冲积、侵蚀而形成的河谷盆地，渭河北属黄土高原南缘，渭河南属西秦岭北支系山脉；境内最高点位于凤凰山，海拔1895m；最低点位于赵家庄小川子村，海拔1150m。区域面积96.03km^2。是麦积区著名古镇之一，辖区内凤凰山历史悠久，景色秀美，是国家AA级旅游景区，霍松林先生所题《凤凰山碑记》"山之主峰，突起于新阳之南，翩然翱翔若彩凤，因名凤凰山"。凤凰山为麦积区西北部最高峰，分布有约500多年古木梨群。辖区内古树名木分布于凤凰山及古村落。

共有古树名木13株，占麦积区古树总数的3.60%，其中一级古树10株，三级古树3株。分别占新阳镇古树总数的76.92%、23.08%。古树群2个，隶属6科6属6种。

油 松 | *Pinus tabuliformis* Carr.

俗　名：巨果油松、紫翅油松、东北黑松、短叶马尾松、红皮松、短叶松
科　属：松科 Pinaceae　松属 *Pinus*

编号：62050310722110168
席寨村凤凰山，树龄约200 a，树高15m，胸（地）围195cm，冠幅13 m。

侧　柏 | *Platycladus orientalis* (Linn.) Franco

俗　名：香柯树、香树、扁桧、香柏、黄柏
科　属：柏科 Cupressaceae　侧柏属 *Platycladus*

编号：62050310722110169
席寨村，树龄约500 a，树高15m，胸（地）围210cm，冠幅10 m。

麦积古树名木 MAIJI GUSHU MINGMU

编号：62050310722110170
席寨村，树龄约500 a，树高12m，胸（地）围140cm，冠幅5 m。

木 梨 | *Pyrus xerophila* Yü

俗　名：棠梨、野梨、酸梨
科　属：蔷薇科 Rosaceae　梨属 *Pyrus*

乔木，高8~10m；小枝粗壮，微屈曲，幼时无毛或具稀疏柔毛，二年生枝条褐灰色，具稀疏白色皮孔；冬芽小，卵形，先端急尖，无毛或在鳞片边缘及顶端微具柔毛。叶片卵形至长卵形，稀长椭卵形，长4~7cm，宽2.5~4cm，先端渐尖，稀急尖，基部圆形，边缘有钝锯齿，稀先端有少数细锐锯齿，上下两面均无毛或在萌蘖上叶片有柔毛，侧脉5~10对；叶柄长2.5~5cm，无毛；托叶膜质，线状披针形，先端渐尖，边缘有腺齿，长6~10mm，内面具白色绵毛，很早脱落。伞形总状花序，有花3~6朵，总花梗和花梗幼时均被稀疏柔毛，不久脱落，花梗长2~3cm；苞片膜质，线状披针形，长约1cm，先端渐尖，边缘有腺齿，内面具绵毛，早期脱落；花直径2~2.5cm；萼筒外面无毛或近于无毛；萼片三角卵形，稍长于萼筒，先端渐尖，边缘有腺齿，外面无毛，内面具绒毛；花瓣宽卵形，基部具短爪，长9~10mm，白色；雄蕊20，稍短于花瓣；花柱5稀4，和雄蕊近等长，基部具稀疏柔毛。果实卵球形或椭圆形，直径1~1.5cm，褐色，有稀疏斑点，萼片宿存，4~5室；果梗长2~3.5cm。花期4月，果期8~9月。

分布于山西、陕西、河南、甘肃等地。生长于山坡、灌木丛中，海拔500~2000m。模式标本采自甘肃榆中兴隆山。

本种在中国西北部常用做栽培梨的砧木，深根抗旱，寿命很长，抗赤星病力特强。

编号：62050310722110162
席寨村凤凰山，树龄约500 a，树高12m，胸（地）围320cm，冠幅11m。

编号：62050310722110163
席寨村凤凰山，树龄约500 a，树高13m，胸（地）围230cm，冠幅12.5m。

编号：62050310722110164
席寨村凤凰山，树龄约500 a，树高8m，胸（地）围205cm，冠幅12 m。

编号：62050310722110165
席寨村凤凰山，树龄约500 a，树高12m，胸（地）围230cm，冠幅14 m。

编号：62050310722110166
席寨村凤凰山，树龄约500 a，树高13m，胸（地）围225cm，冠幅13.5m。

编号：62050310722110167
席寨村凤凰山，树龄约500 a，树高12m，胸（地）围212cm，冠幅13 m。

槐 *Styphnolobium japonicum* (L.) Schott

俗 名：蝴蝶槐、国槐、金药树、豆槐、槐花树、槐花木、守宫槐、紫花槐、槐树、堇花槐、毛叶槐、宜昌槐、早开槐

科 属：豆科 Fabaceae 槐属 *Styphnolobium*

编号：62050310720610160
沿河村下曲，树龄约120 a，树高16m，胸（地）围195cm，冠幅14m。

文冠果 | *Xanthoceras sorbifolium* Bunge

俗　名：文冠树、木瓜、文冠花、崖木瓜、文光果
科　属：无患子科 Sapindaceae　文冠果属 *Xanthoceras*

编号：62050310720610158
沿河村下曲，树龄约500 a，树高10m，胸（地）围150cm，冠幅9.5m。

麦积古树名木　MAIJI GUSHU MINGMU

编号：62050310720610159

沿河村下曲，树龄约500 a，树高11m，胸（地）围150cm，冠幅7.5m。

灰 楸 | *Catalpa fargesii* Bureau

俗　名：光灰楸、紫花楸、楸木、紫楸、川楸、滇楸、楸树
科　属：紫葳科 Bignoniaceae　梓属 *Catalpa*

编号：62050310720210161
周湾村，树龄约150 a，树高15m，胸（地）围180cm，冠幅13m。

9　元龙镇

位于麦积区东部，是麦积区东部政治、经济、文化活动中心。地处秦岭北麓与渭河之滨，地势两侧高，中间低，地形南北群山耸峙，中间为河谷狭长地带；最高点位于和平村，海拔2605m；最低点位于渭河河谷，海拔1023m。水系属于长江、黄河两大流域，区域面积211.04km^2。该镇是麦积区古村落较多的地区之一，古树名木多分布于古村落。

共有古树名木10株，占麦积区古树总数的2.77%，其中一级古树3株，二级古树3株，三级古树4株。分别占元龙镇古树总数的30.00%、30.00%、40.00%。隶属5科5属5种。

油　松 | *Pinus tabuliformis* Carr.

俗　名：巨果油松、紫翅油松、东北黑松、短叶马尾松、红皮松、短叶松
科　属：松科 Pinaceae　松属 *Pinus*

编号：62050310822210251
青龙村，树龄约300 a，树高14m，胸（地）围146cm，冠幅16m。

编号：62050310822210252
青龙村，树龄约800 a，树高30m，胸（地）围360cm，冠幅22m。

侧 柏 | *Platycladus orientalis*（Linn.）Franco

俗　名：香柯树、香树、扁桧、香柏、黄柏
科　属：柏科 Cupressaceae　侧柏属 *Platycladus*

编号：62050310822110206
红星村，树龄约120 a，树高23m，胸（地）围145cm，冠幅6m。

编号：62050310822010207
井儿村天柱山，树龄约1000 a，树高10m，胸（地）围330cm，冠幅10m。

第二部分·古 树

编号：62050310821310209
底川村永寿寺，树龄约1500 a，树高23m，胸（地）围380cm，冠幅14m。

233

编号：62050310820210218

渭滩村，树龄约120 a，树高12m，胸（地）围127cm，冠幅7.5m。

槐 | *Styphnolobium japonicum* (L.) Schott

俗　名：蝴蝶槐、国槐、金药树、豆槐、槐花树、槐花木、守宫槐、紫花槐、槐树、堇花槐、毛叶槐、宜昌槐、早开槐
科　属：豆科 Fabaceae　槐属 *Styphnolobium*

编号：62050310821810208
关峡村，树龄约300 a，树高22m，胸（地）围300cm，冠幅20m。

榆 树 | *Ulmus pumila* L.

俗　名：榆、白榆、家榆、钻天榆、钱榆、长叶家榆、黄药家榆
科　属：榆科 Ulmaceae　榆属 *Ulmus*

编号：620503108202102 16
渭滩村，树龄约300 a，树高14m，胸（地）围322cm，冠幅17.5m。

第二部分·古 树

编号：62050310822210253
青龙村，树龄约200 a，树高12m，胸（地）围310cm，冠幅13m。

237

黄连木 | *Pistacia chinensis* Bunge

俗　名：楷木、黄连茶、岩拐角、凉茶树、茶树、药树、药木、黄连树、鸡冠果、烂心木、鸡冠木、黄儿茶、田苗树、木蓼树、黄连芽、木黄连、药子树

科　属：漆树科 Anacardiaceae　黄连木属 *Pistacia*

编号：62050310820210217
渭滩村，树龄约200 a，树高14m，胸（地）围217cm，冠幅15m。

10　伯阳镇

　　位于麦积区中部，地处渭河和陇海铁路以南，地势略为西高东低，南高北低；地形为浅山区，境内最高峰花儿山位于进家山，海拔2234m；最低点位于伯阳村河滩处，海拔1053m。区域面积109.39km²。伯阳镇历史文化悠久，辖区有省级文物保护遗产柴家坪遗址，内涵分属马家窑与齐家两种文化。还有武山庙、刘家祠堂、五阳观、圣湫山等区级文物保护遗产6处，石门风景区就在该辖区内，石门夜月是天水的八大名胜之一，该景区分布有树龄约200 a的古油松群，辖区内石门村的榆树，树龄约1800 a，属省内罕见。

　　共有古树名木20株，占麦积区古树总数的5.54%，其中一级古树6株，三级古树14株。分别占伯阳镇古树总数的30.00%、70.00%。古树群1个，隶属8科8属8种。

油　松 ｜ *Pinus tabuliformis* Carr.

俗　名：巨果油松、紫翅油松、东北黑松、短叶马尾松、红皮松、短叶松
科　属：松科 Pinaceae　松属 *Pinus*

麦积古树名木 MAIJI GUSHU MINGMU

编号：62050311620120002

石门景区，树龄约200 a，树高17m，胸（地）围190cm，冠幅11.5m。

编号：62050311620120003

石门景区，树龄约200 a，树高18m，胸（地）围210cm，冠幅10 m。

编号：62050311620120004

石门景区，树龄约200 a，树高21m，胸（地）围215cm，冠幅11 m。

刺 柏 | *Juniperus formosana* Hayata

俗　名：台湾柏、刺松、矮柏木、山杉、台桧、山刺柏
科　属：柏科 Cupressaceae　刺柏属 *Juniperus*

乔木，高达12m；树皮褐色，纵裂成长条薄片脱落；枝条斜展或直展，树冠塔形或圆柱形；小枝下垂，三棱形。叶三叶轮生，条状披针形或条状刺形，长1.2～2cm，很少长达3.2cm，宽1.2～2mm，先端渐尖具锐尖头，上面稍凹，中脉微隆起，绿色，两侧各有1条白色，很少紫色或淡绿色的气孔带，气孔带较绿色边带稍宽，在叶的先端汇合为1条，下面绿色，有光泽，具纵钝脊，横切面新月形。雄球花圆球形或椭圆形，长4～6mm，药隔先端渐尖，背有纵脊。球果近球形或宽卵圆形，长6～10mm，径6～9mm，熟时淡红褐色，被白粉或白粉脱落，间或顶部微张开；种子半月圆形，具3～4棱脊，顶端尖，近基部有3～4个树脂槽。

为中国特有树种，分布很广，分布于台湾、江苏、安徽、浙江、福建、江西、湖北、湖南、陕西、甘肃、青海、西藏、四川、贵州、云南等地。垂直分布200～3400m。

边材淡黄色，心材红褐色，纹理直、均匀，结构细致，比重0.54，有香气，耐水湿。可做船底、桥柱、桩木、工艺品、文具及家具等用材。刺柏小枝下垂，树形美观，在长江流域各大城市多栽培做庭院树。也可做水土保持的造林树种。

编号：62050310922110189

石门村观音庙，树龄约150 a，树高14m，胸围165cm，冠幅9.5m。

槐 | *Styphnolobium japonicum*（L.）*Schott*

俗　名：蝴蝶槐、国槐、金药树、豆槐、槐花树、槐花木、守宫槐、紫花槐、槐树、堇花槐、毛叶槐、宜昌槐、早开槐
科　属：豆科 Fabaceae　槐属 *Styphnolobium*

编号：62050310921210171
石家山，树龄约260 a，树高17m，胸围275cm，冠幅20m。

麦积古树名木　MAIJI GUSHU MINGMU

编号：62050310921910247
范河村，树龄约800 a，树高27m，胸（地）围520cm，冠幅27m。

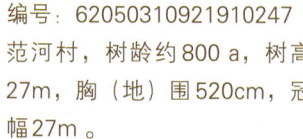

编号：62050310921910249

范河村，树龄约150 a，树高20m，胸（地）围240cm，冠幅21m。

麦积古树名木　MAIJI GUSHU MINGMU

编号：62050310921910250
范河村，树龄约 150 a，树高 20m，胸（地）围 190cm，冠幅 32m。

编号：62050310920910203
西坪村，树龄约120 a，树高10m，胸围203cm，冠幅20m。

编号：62050310920910204
西坪村，树龄约120 a，树高16m，胸（地）围206cm，冠幅18m。

编号：62050310920910205
西坪村，树龄约120 a，树高22m，胸（地）围230cm，冠幅23m。

榆　树 | *Ulmus pumila* L.

俗　名：榆、白榆、家榆、钻天榆、钱榆、长叶家榆、黄药家榆
科　属：榆科 Ulmaceae　榆属 *Ulmus*

编号：62050310921210173
曹家湾村，树龄约800 a，树高9m，胸围520cm，冠幅9m。

编号：62050310921310175
马岘村，树龄约150 a，树高14m，胸围230cm，冠幅19 m。

编号：62050310921310176
马岘村，树龄约150 a，树高11m，胸围158cm，冠幅15m。

第二部分·古 树

编号：62050310922110190
石门村，树龄约1800 a，树高37m，胸围645cm，冠幅29m。

编号：62050310921910248
范河村，树龄约500 a，树高22m，胸（地）围305cm，冠幅21m。

刺叶高山栎 | *Quercus spinosa* David ex Franchet

俗　名：刺叶栎、川西栎、铁橡树、铁刨子
科　属：壳斗科 Fagaceae　栎属 *Quercus*

编号：62050311620120001
石门景区，树龄约200 a，树高16m，胸（地）围210cm，冠幅13 m。

胡 桃 | *Juglans regia* L.

俗　名：核桃
科　属：胡桃科 Juglandaceae　胡桃属 Juglans

编号：62050310921210174
曹家湾村，树龄约800 a，树高16m，胸围270cm，冠幅22 m。

牛科吴萸 | *Tetradium trichotomum* Lour.

俗　名：大牛七、茶辣树
科　属：芸香科 Rutaceae　吴茱萸属 *Tetradium*

　　稀高达10m的小乔木，树皮灰褐色或灰色，春梢暗紫红色。有小叶5～11片，稀3片，小叶椭圆形、长圆形或披针形，叶轴基部的常为卵形，长6～15cm，宽2.5～6cm，顶部渐尖，基部短尖，两侧常不对称，全缘，无毛或嫩枝及小，叶被毛，散生干后变褐黑色，在放大镜下可见油点。花序顶生，花多；萼片及花瓣均4片；萼片阔卵形，端尖，长不及1mm；花瓣镊合状，白色，长3～4mm；雄花的雄蕊4枚，比花瓣稍长，花丝被少数白色长毛。退化雌蕊棒状，比花瓣略短，不分裂；雌花的退化雄蕊鳞片状，花柱及子房均淡绿色，花瓣比雄花的大。果鲜红至暗紫红色，干后暗褐色，散生微凸起，有色泽较暗的油点，有横皱纹，基部常有1～2个暗褐黑色，细小的不育心皮，每分果瓣有1种子；种子暗褐色，近圆球形且腹面略平坦，顶部稍急尖，基部浑圆，背部细脊肋状，长6～7mm，宽5～6mm。花期6～7月，果期9～11月。

　　根及果做草药，据载治多类痛症。

麦积古树名木 MAIJI GUSHU MINGMU

编号：62050310922110191
石门村，树龄约120 a，树高12m，
胸围103cm，冠幅6m。

君迁子 | *Diospyros lotus* L.

俗　名：牛奶柿、黑枣、软枣
科　属：柿科 Ebenaceae　柿属 *Diospyros*

　　落叶乔木，高可达30m，胸高直径可达1.3m；树冠近球形或扁球形；树皮灰黑色或灰褐色，深裂或不规则的厚块状剥落；小枝褐色或棕色，有纵裂的皮孔；嫩枝通常淡灰色，有时带紫色，平滑或有时有黄灰色短柔毛。冬芽狭卵形，带棕色，先端急尖。叶近膜质，椭圆形至长椭圆形，长5~13cm，宽2.5~6cm，先端渐尖或急尖，基部钝，宽楔形以至近圆形，上面深绿色，有光泽，初时有柔毛，但后渐脱落，下面绿色或粉绿色，有柔毛，且在脉上较多，或无毛，中脉在下面平坦或下陷，有微柔毛，在下面凸起，侧脉纤细，每边7~10条，上面稍下陷，下面略凸起，小脉很纤细，连接成不规则的网状；叶柄长7~15（18）mm，有时有短柔毛，上面有沟。雄花1~3朵腋生，簇生，近无梗，长约6mm；花萼钟形，4裂，偶有5裂，裂片卵形，先端急尖，内面有绢毛，边缘有睫毛；花冠壶形，带红色或淡黄色，长约4mm，无毛或近无毛，4裂，裂片近圆形，边缘有睫毛；雄蕊16枚，2枚常连生成对，腹面1枚较短，无毛；花药披针形，长约3mm，先端渐尖；药隔两面都有长毛；子房退化；雌花单生，几无梗，淡绿色或带红色；花4裂，深裂至中部，外面下部有伏粗毛，内面基部有棕色绢毛，裂片卵形，长约4mm，先端急尖，边缘有睫毛；花冠壶形，长约6mm，4裂，偶有5裂，裂片近圆形，长约3mm，反曲；退化雄蕊8枚，着生花冠基部，长约2mm，有白色粗毛；子房除顶端外无毛，8室；花柱4，有时基部有白色长粗毛。果近球形或椭圆形，直径1~2cm，初熟时为淡黄色，后则变为蓝黑色，常被有白色薄蜡层，8室；种子长圆形，长约1cm，宽约6mm，褐色，侧扁，背面较厚；宿存萼4裂，深裂至中部，裂片卵形，长约6mm，先端钝圆。花期5~6月，果期10~11月。

　　分布于山东、辽宁、河南、河北、山西、陕西、甘肃、江苏、浙江、安徽、江西、湖南、湖北、贵州、四川、云南、西藏等地；生长于海拔500~2300m的山地、山坡、山谷的灌丛中，或在林缘。亚洲西部、小亚细亚、欧洲南部亦有分布，在地中海各国已经驯化。

　　为阳性树种，能耐半荫，枝叶多呈水平伸展，耐寒抗旱的能力较强，也耐瘠薄的土壤，生长较速，寿命较长。

　　成熟果实可供食用，亦可制成柿饼，入药可止消渴，去烦热；又可供制糖、酿酒、制醋；果实、嫩叶均可供提取丙种维生素；未熟果实可提制柿漆，供医药和涂料用。木材质硬，耐磨损，可做纺织木梭、雕刻、小用具等。又材色淡褐，纹理美丽，可做精美家具和文具。树皮可供提取单宁和制人造棉。本种的实生苗常用做柿树的砧木，但有角斑病严重危害，受病果蒂很多，易使柿树传染受害，需注意防除。

编号：62050310921210172

曹家湾村，树龄约800 a，树高9m，胸围275cm，冠幅19m。

11 麦积镇

位于麦积区西南部，地处麦积山风景名胜区内，地势东高西低、南高北低；地形分为山地和狭窄的河谷川地，最高点位于天子坪，海拔1742m；最低点位于街子温泉，海拔1210m。属长江、黄河两大流域，区域面积106.28km²。麦积镇历史悠久，自然人文景观丰富，名胜古迹星罗棋布，境内有国家AAAA级风景名胜麦积山石窟、仙人崖、净土寺及麦积烟雨、仙人送灯、净土松涛，更有植物园、温泉、溢香洞、罗汉崖、石莲谷等遥相呼应。辖区古树名木除分布于景区外，街亭古镇是种类、数量最丰富的区域。

共有古树名木52株，占麦积区古树总数的14.40%，其中一级古树13株，二级古树5株，三级古树34株。分别占麦积镇古树总数的25.00%、9.62%、65.39%。古树群1个，隶属12科13属13种1变种。

白皮松 | *Pinus bungeana* Zucc.

俗　名：蟠龙松、虎皮松、白果松、三针松、白骨松、美人松
科　属：松科 Pinaceae　松属 *Pinus*

编号：62050311020710140
阳坡村（红崖村），树龄约 500 a，树高 18m，胸围 240cm，冠幅 14m。

油 松 | *Pinus tabuliformis* Carr.

俗　名：巨果油松、紫翅油松、东北黑松、短叶马尾松、红皮松、短叶松
科　属：松科 Pinaceae　松属 *Pinus*

编号：62050340549820054
街子村崇福寺，树龄约200 a，树高6m，胸（地）围108cm，冠幅6.5m。

侧 柏 | *Platycladus orientalis*（Linn.）Franco

俗　名：香柯树、香树、扁桧、香柏、黄柏
科　属：柏科 Cupressaceae　侧柏属 *Platycladus*

编号：62050311021110239
杨河村，树龄约300 a，树高16m，胸（地）围195cm，冠幅12m。

编号：62050311021110241
杨河村，树龄约200 a，树高16m，胸（地）围210cm，冠幅9m。

编号：62050311021110242
杨河村，树龄约1300 a，树高13m，胸（地）围560cm，冠幅13.5m。

第二部分·古 树

编号:62050311021110244
杨河村,树龄约1300 a,树高12m,胸(地)围305cm,冠幅16m。

编号：62050340549820027

街子村崇福寺，树龄约120 a，树高8m，胸（地）围120cm，冠幅7.5m。

编号：62050340549820028

街子村崇福寺，树龄约120 a，树高12m，胸（地）围90cm，冠幅6.5m。

编号：62050340549820029
街子村崇福寺，树龄约120 a，树高12m，胸（地）围90cm，冠幅6.5m。（中）

编号：62050340549820030

街子村崇福寺，树龄约120 a，树高10m，胸（地）围85cm，冠幅4.5m。

编号：62050340549820031
街子村崇福寺，树龄约120 a，树高10m，胸（地）围48cm，冠幅6.5m。

编号：62050340549820032

街子村崇福寺，树龄约120 a，树高10.2m，胸（地）围90cm，冠幅35.5m。

编号：62050340549820033

街子村崇福寺，树龄约120 a，树高9.8m，胸（地）围95cm，冠幅4.5m。

编号：62050340549820034

街子村崇福寺，树龄约120 a，树高10m，胸（地）围158cm，冠幅5.5m。

编号：62050340549820035

街子村崇福寺，树龄约120 a，树高10.6m，胸（地）围96cm，冠幅7m。

编号：62050340549820036
街子村崇福寺，树龄约120 a，树高11m，胸（地）围124cm，冠幅5.5m。

编号：62050340549820037
街子村崇福寺，树龄约120 a，树高11m，胸（地）围95cm，冠幅7m。

编号：62050340549820038
街子村崇福寺，树龄约120 a，树高8m，胸（地）围130cm，冠幅5.5m。

编号：62050340549820039

街子村崇福寺，树龄约120 a，树高9m，胸（地）围118cm，冠幅6.5m。

编号：62050340549820040

街子村崇福寺，树龄约120 a，树高9.5m，胸（地）围130cm，冠幅6.5m。

编号：62050340549820041

街子村崇福寺，树龄约120 a，树高10m，胸（地）围96cm，冠幅6.5m。

编号：62050340549820042
街子村崇福寺，树龄约120 a，树高5m，胸（地）围92cm，冠幅3.5m。

麦积古树名木 MAIJI GUSHU MINGMU

编号：62050340549820043

街子村崇福寺，树龄约120 a，树高8m，胸（地）围70cm，冠幅5m。

第二部分·古 树

编号：62050340549820044
街子村崇福寺，树龄约120 a，树高9m，胸（地）围110cm，冠幅6.5m。

编号：62050340549820045

街子村崇福寺，树龄约120 a，树高12m，胸（地）围105cm，冠幅7.5m。

编号：62050340549830046
街子村崇福寺，树龄约120 a，树高11m，胸（地）围90cm，冠幅5.5m。

麦积古树名木 MAIJI GUSHU MINGMU

编号：62050340549820047

街子村崇福寺，树龄约120 a，树高8m，胸（地）围104cm，冠幅5.5m。

编号：62050340549820049

街子村崇福寺，树龄约120 a，树高11m，胸（地）围124cm，冠幅5.5m。

编号：62050340549820050

街子村崇福寺，树龄约120 a，树高7m，胸（地）围160cm，冠幅5.5m。

编号：62050340549820051
街子村崇福寺，树龄约600 a，树高28.4m，胸（地）围275cm，冠幅12.5m。

麦积古树名木 MAIJI GUSHU MINGMU

编号：62050340549820055

街子村崇福寺，树龄约120 a，树高12m，胸（地）围150cm，冠幅7.5m。

编号：62050340549822048

街子村崇福寺，树龄约120 a，树高10 m，胸（地）围93 cm，冠幅7 m。

红豆杉 | *Taxus wallichiana var. chinensis*（Pilger）Florin

俗　名：红豆树、观音杉、扁柏、卷柏、胭脂柏
科　属：红豆杉科 Taxaceae　红豆杉属 *Taxus*

编号：62050311020610080
草滩村西应寺，树龄约300 a，树高12m，胸围132cm，冠幅8.5m。

杏 | *Armeniaca vulgaris* Lam.

俗　名：杏树
科　属：蔷薇科 Aceraceae　杏属 *Acer*

乔木，高 5~8（12）m；树冠圆形、扁圆形或长圆形；树皮灰褐色，纵裂；多年生枝浅褐色，皮孔大而横生，一年生枝浅红褐色，有光泽，无毛，具多数小皮孔。叶片宽卵形或圆卵形，长 5~9cm，宽 4~8cm，先端急尖至短渐尖，基部圆形至近心形，叶边有圆钝锯齿，两面无毛或下面脉腋间具柔毛；叶柄长 2~3.5cm，无毛，基部常具 1~6 腺体。花单生，直径 2~3cm，先于叶开放；花梗短，长 1~3mm，被短柔毛；花萼紫绿色；萼筒圆筒形，外面基部被短柔毛；萼片卵形至卵状长圆形，先端急尖或圆钝，花后反折；花瓣圆形至倒卵形，白色或带红色，具短爪；雄蕊 20~45，稍短于花瓣；子房被短柔毛，花柱稍长或几与雄蕊等长，下部具柔毛。果实球形，稀倒卵形，直径约 2.5cm 以上，白色、黄色至黄红色，常具红晕，微被短柔毛；果肉多汁，成熟时不开裂；核卵形或椭圆形，两侧扁平，顶端圆钝，基部对称，稀不对称，表面稍粗糙或平滑，腹棱较圆，常稍钝，背棱较直，腹面具龙骨状棱；种仁味苦或甜。花期 3~4 月，果期 6~7 月。

分布于全国各地，多数为栽培，尤以华北、西北和华东地区种植较多，少数地区逸为野生，在新疆伊犁一带野生成纯林或与新疆野苹果林混生，海拔可达 3000m。世界各地也均有栽培。

种仁（杏仁）入药，有止咳祛痰、定喘润肠之效。

编号：62050311020820007
卧虎村卧虎寺，树龄约 150 a，
树高 12m，胸（地）围 175cm，
冠幅 12m。

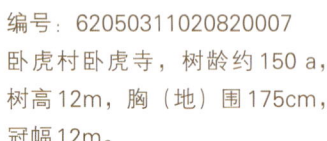

胡 桃 | *Juglans regia* L.

俗　名：核桃
科　属：胡桃科 Juglandaceae　胡桃属 *Juglans*

编号：62050311020610081
草滩村，树龄约150 a，树高15m，胸围418cm，冠幅11.5m。

垂　柳　　*Salix babylonica* Linn.

俗　名：柳树、倒柳
科　属：杨柳科 Salicaceae　柳属 *Salix*

编号：62050311021010255
街子村，树龄约120 a，树高17m，胸（地）围280cm，冠幅17m。

槐 | *Styphnolobium japonicum*（L.）Schott

俗　名：蝴蝶槐、国槐、金药树、豆槐、槐花树、槐花木、守宫槐、紫花槐、槐树、堇花槐、毛叶槐、宜昌槐、早开槐
科　属：豆科 Fabaceae　槐属 *Styphnolobium*

编号：62050311021110240
杨河村，树龄约1300 a，树高16m，胸（地）围990cm，冠幅17m。

麦积古树名木 MAIJI GUSHU MINGMU

编号：62050311021110243
杨河村，树龄约1300 a，树高10m，胸（地）围380cm，冠幅11m。

第二部分·古 树

编号：62050311020310246
刘坪村，树龄约1300 a，树高 13m，胸（地）围600cm，冠幅16m。

编号：62050311021010254

街子村，树龄约400 a，树高22m，胸（地）围320cm，冠幅23.5m。

编号：62050311021010256
街子村，树龄约300 a，树高17 m，胸（地）围235 cm，冠幅14 m。

编号：62050311020910258
永庆村，树龄约600 a，树高20m，胸（地）围435cm，冠幅20m。

第二部分·古 树

编号：62050311020510808
麦积山石窟，树龄约1300 a，树高13m，胸（地）围460cm，冠幅9.5m。

麦积古树名木 MAIJI GUSHU MINGMU

编号：62050340549820052

街子村崇福寺，树龄约400 a，树高12m，胸（地）围300cm，冠幅11m。

皂 荚 | *Gleditsia sinensis* Lam.

俗　名：刀皂、牙皂、猪牙皂、皂荚树、皂角、三刺皂角
科　属：豆科 Fabaceae　皂荚属 *Gleditsia*

　　落叶乔木或小乔木，高可达30m；枝灰色至深褐色；刺粗壮，圆柱形，常分枝，多呈圆锥状，长达16cm。叶为一回羽状复叶，长10~18（26）cm；小叶（2）3~9对，纸质，卵状披针形至长圆形，长2~8.5（12.5）cm，宽1~4（6）cm，先端急尖或渐尖，顶端圆钝，具小尖头，基部圆形或楔形，有时稍歪斜，边缘具细锯齿，上面被短柔毛，下面中脉上稍被柔毛；网脉明显，在两面凸起；小叶柄长1~2（5）mm，被短柔毛。花杂性，黄白色，组成总状花序；花序腋生或顶生，长5~14cm，被短柔毛；雄花：直径9~10mm；花梗长2~8（10）mm；花托长2.5~3mm，深棕色，外被柔毛；萼片4，三角状披针形，长3mm，两面被柔毛；花瓣4，长圆形，长4~5mm，被微柔毛；雄蕊8（6）；退化雌蕊长2.5mm。两性花：直径10~12mm；花梗长2~5mm；萼、花瓣与雄花相似，唯萼片长4~5mm，花瓣长5~6mm；雄蕊8；子房缝线上及基部被毛（偶有少数湖北标本子房全体被毛），柱头浅2裂；胚珠多数。荚果带状，长12~37cm，宽2~4cm，劲直或扭曲，果肉稍厚，两面臌起，或有的荚果短小，多少呈柱形，长5~13cm，宽1~1.5cm，弯曲为新月形，通常称猪牙皂，内无种子；果颈长1~3.5cm；果瓣革质，褐棕色或红褐色，常被白色粉霜；种子多颗，长圆形或椭圆形，长11~13mm，宽8~9mm，棕色，光亮。花期3~5月，果期5~12月。

　　分布于河北、山东、河南、山西、陕西、甘肃、江苏、安徽、浙江、江西、湖南、湖北、福建、广东、广西、四川、贵州、云南等地。生于山坡林中或谷地、路旁，海拔自平地至2500m。常栽培于庭院或宅旁。

　　本种木材坚硬，为车辆、家具用材；荚果煎汁可代肥皂，用以洗涤丝毛织物；嫩芽油盐调食，其子煮熟糖渍可食。荚、子、刺均入药，有祛痰通窍、镇咳利尿、消肿排脓、杀虫治癣之效。

编号：62050311021010257
街子村，树龄约120 a，树高7m，胸（地）围115cm，冠幅8m。

榆 树 | *Ulmus pumila* L.

俗　名：榆、白榆、家榆、钻天榆、钱榆、长叶家榆、黄药家榆
科　属：榆科 Ulmaceae　榆属 *Ulmus*

编号：62050311021210033
北湾村，树龄约200 a，树高14m，胸围250cm，冠幅13.5m。

白 杜 | *Euonymus maackii* Rupr

俗　名：丝绵木、桃叶卫矛、明开夜合、丝棉、华北卫矛、桃叶卫
科　属：卫矛科 Celastraceae　卫矛属 *Euonymus*

编号：62050340549820053
街子村崇福寺，树龄约120 a，树高7.5m，胸（地）围150cm，冠幅6.5m。

黄连木 | *Pistacia chinensis* Bunge

俗　名：楷木、黄连茶、岩拐角、凉茶树、茶树、药树、药木、黄连树、鸡冠果、烂心木、鸡冠木、黄儿茶、田苗树、木蓼树、黄连芽、木黄连、药子树

科　属：漆树科 Anacardiaceae　黄连木属 *Pistacia*

落叶乔木，高达20m；树干扭曲，树皮暗褐色，呈鳞片状剥落，幼枝灰棕色，具细小皮孔，疏被微柔毛或近无毛。奇数羽状复叶互生，有小叶5~6对，叶轴具条纹，被微柔毛，叶柄上面平，被微柔毛；小叶对生或近对生，纸质，披针形或卵状披针形或线状披针形，长5~10cm，宽1.5~2.5cm，先端渐尖或长渐尖，基部偏斜，全缘，两面沿中脉和侧脉被卷曲微柔毛，或近无毛，侧脉和细脉两面突起；小叶柄长1~2mm。花单性异株，先花后叶，圆锥花序腋生，雄花序排列紧密，长6~7cm，雌花序排列疏松，长15~20cm，均被微柔毛；花小，花梗长约1mm，被微柔毛；苞片披针形或狭披针形，内凹，长约1.5~2mm，外面被微柔毛，边缘具睫毛。雄花：花被片2~4，披针形或线状披针形，大小不等，长1~1.5mm，边缘具睫毛；雄蕊3~5，花丝极短，长不到0.5mm，花药长圆形，大，长约2mm；雌蕊缺。雌花：花被片7~9，大小不等，长0.7~1.5mm，宽0.5~0.7mm，外面2~4片，较狭，披针形或线状披针形，外面被柔毛，边缘具睫毛，里面5片卵形或长圆形，外面无毛，边缘具睫毛；不育雄蕊缺；子房球形，无毛，径约0.5mm，花柱极短，柱头3，厚，肉质，红色。核果倒卵状球形，略压扁，径约5mm，成熟时紫红色，干后具纵向细条纹，先端细尖。

分布于长江以南各地及华北、西北；生于海拔140~3550m的石山林中。菲律宾亦有分布。

木材鲜黄色，可提黄色染料，材质坚硬致密，可供家具和细工用材。种子榨油可做润滑油或制皂。幼叶可充蔬菜，并可代茶。

编号：62050311021210032
北湾村，树龄约500 a，树高15m，胸围450cm，冠幅20m。

编号：62050311021110245

杨河村，树龄约200 a，树高15m，胸（地）围255cm，冠幅11m。

陕甘枫 | *Acer shenkanense* W. P. Fang ex C. C. Fu

俗　名：裂叶青皮槭、褐脉黄毛槭、陕甘黄毛槭、三尾青皮槭
科　属：无患子科 Sapindaceae　槭属 *Acer*

　　乔木，高达20m，叶较小，宽5～7cm，长4～6cm，基部近截形或圆形，常3裂，有时5裂，裂片较小，三角形，先端锐尖，叶柄细瘦，淡紫色；花杂性，雌花与两性花同株；伞房花序，顶生；翅果较小，长2～3cm，张开成钝角或近于直立。果期9月。

　　分布于陕西、甘肃、湖北西部、四川和云南等地。生于海拔2000～2800m的林边或疏林中。

编号：62050311020820005
卧虎村，树龄约500 a，树高20m，胸（地）围440cm，冠幅16.5m。

编号：62050311020820006
卧虎村，树龄约500 a，树高33m，胸（地）围360cm，冠幅17m。

紫丁香 | *Syringa oblata* Lindl.

俗　　名：白丁香、毛紫丁香、华北紫丁香
科　　属：木樨科 Oleaceae　丁香属 *Syringa*

灌木或小乔木，高可达5m；树皮灰褐色或灰色。小枝、花序轴、花梗、苞片、花萼、幼叶两面以及叶柄均无毛但密被腺毛。小枝较粗，疏生皮孔。叶片革质或厚纸质，卵圆形至肾形，宽常大于长，长2~14cm，宽2~15cm，先端短凸尖至长渐尖或锐尖，基部心形、截形至近圆形，或宽楔形，上面深绿色，下面淡绿色；萌枝上叶片常呈长卵形，先端渐尖，基部截形至宽楔形；叶柄长1~3cm。圆锥花序直立，由侧芽抽生，近球形或长圆形，长4~16（20）cm，宽3~7（10）cm；花梗长0.5~3mm；花萼长约3mm，萼齿渐尖、锐尖或钝；花冠紫色，长1.1~2cm，花冠管圆柱形，长0.8~1.7cm，裂片呈直角开展，卵圆形、椭圆形至倒卵圆形，长3~6mm，宽3~5mm，先端内弯略呈兜状或不内弯；花药黄色，位于距花冠管喉部0~4mm处。果倒卵状椭圆形、卵形至长椭圆形，长1~1.5（2）cm，宽4~8mm，先端长渐尖，光滑。花期4~5月，果期6~10月。

分布于东北、华北、西北（除新疆）以至西南达四川西北部（松潘、南坪）。生长于山坡丛林、山沟溪边、山谷路旁及滩地水边，海拔300~2400m。长江以北各庭院普遍栽培。其吸收SO_2的能力较强，对SO_2污染具有一定净化作用；花可提制芳香油；嫩叶可代茶。

第二部分 · 古 树

编号：62050311021410053
宏罗村希望小学，树龄约200 a，树高9m，胸围145cm，冠幅6m。

12　石佛镇

位于麦积区西北部，地处渭河北岸，地势略为西高东低、北高南低；地形分为山地和狭窄的河谷川地，最高点位于黄堡村，海拔1780m；最低点位于董家河村，海拔1310m。总面积102.11km²。

共有古树名木10株，占麦积区古树总数的2.77%，其中一级古树6株，二级古树2株，三级古树2株。分别占石佛镇古树总数的60.00%、20.00%、20.00%。隶属2科2属2种1变种。

侧　柏 | *Platycladus orientalis*（Linn.）Franco

俗　名：香柯树、香树、扁桧、香柏、黄柏
科　属：柏科 Cupressaceae　侧柏属 *Platycladus*

编号：62050311120221031
黄庄村报恩寺，树龄约500 a，树高13m，胸（地）围150cm，冠幅6.5m。

编号：62050311120221032

黄庄村报恩寺，树龄约500 a，树高12m，胸（地）围210cm，冠幅8.5m。

编号：62050311122121037
张坪村下坪玉鸣寺，树龄约120 a，树高14m，胸（地）围120cm，冠幅6m。

编号：62050311122121308

张坪村下坪玉鸣寺，树龄约120 a，树高12m，胸（地）围140cm，冠幅5.5m。

千头柏 | *Platycladus orientalis* 'Sieboldii' Dall. and Jack.

俗　名：子孙柏、凤尾柏、扫帚柏、千枝柏
科　属：柏科 Cupressaceae　侧柏属 *Platycladus*

编号：62050311120221034
黄庄村报恩寺，树龄约600 a，树高11m，胸（地）围230cm，冠幅7m。

编号：62050311121821035

泄山村柏泉寺，树龄约500 a，树高9m，胸（地）围280cm，冠幅9m。

编号：62050311121821036
泄山村柏泉寺，树龄约500 a，树高8m，胸（地）围270cm，冠幅10m。

槐 | *Styphnolobium japonicum* (L.) Schott

俗　名：蝴蝶槐、国槐、金药树、豆槐、槐花树、槐花木、守宫槐、
　　　　紫花槐、槐树、堇花槐、毛叶槐、宜昌槐、早开槐
科　属：豆科 Fabaceae　槐属 *Styphnolobium*

编号：62050311120221030
黄庄村，树龄约1300 a，树高10m，胸（地）围450cm，冠幅10.5m。

编号：62050311122021033
勿驮村，树龄约400 a，树高14m，胸（地）围410cm，冠幅12.5m。

编号：62050311122121307

张坪村下坪，树龄约300 a，树高13m，胸（地）围330cm，冠幅13m。

13　三岔镇

位于麦积区东部，地处秦岭山脉北麓林缘区，渭河河谷地带，地势西高东低、南高北低；地形为黄土梁峁沟壑山地，半山半川；最高点位于火炎山，海拔2559m；最低点位于嘴头村，海拔887m。区域面积342km²。三岔镇，又叫做吴砦城，位于麦积区东境的渭河峡谷地带，在西秦岭余脉野鹤山北麓下的台地上，扼陕甘川三省之咽喉，地理位置极为重要。此地历史上曾是渭水峡道上东到长安、西达陇西、南下汉中的三岔路口，因而又被称作三岔。而吴砦之名则始于南宋将领吴璘、吴阶兄弟，他们在此有安营抗金的历史故事。吴砦城有着丰富的文化历史，800年前曾在这里发生过一场抗金战，战场上杀敌无数，成就了这座名城，而金兵也没再跨过渭河南下。吴砦城为北窄南宽的不规则梯形。它背靠野鹤山，东傍秦岭河，西北临渭水，为南宋抗金名将吴璘所筑，距今已有860余年，曾是陕甘渭河峡谷之间的咽喉要塞，是古代兵家必争之地，被称为"悬崖上的抗金古城"。辖区内古树名木主要遗存在古城街道、城隍庙和古村落。

共有古树名木14株，占麦积区古树总数的3.88%，其中一级古树8株，二级古树1株，三级古树5株。分别占三岔镇古树总数的57.14%、7.14%、35.71%。隶属2科2属2种1变种。

侧　柏 | *Platycladus orientalis*（Linn.）Franco

俗　名：香柯树、香树、扁桧、香柏、黄柏
科　属：柏科 Cupressaceae　侧柏属 *Platycladus*

麦积古树名木

编号：62050311221610124

关庄村牛背公路边，树龄约150 a，树高16m，胸围224cm，冠幅12m。

编号：62050311220510126
吴砦村古街道，树龄约800 a，树高20 m，胸围200 cm，冠幅7.5 m。

编号：62050311220510127

吴砦村古街道，树龄约800 a，树高19m，胸围210cm，冠幅6.5m。（左后）

编号：62050311220510128
吴砦村古街道，树龄约800 a，树高20m，胸围180cm，冠幅10m。（右后）

编号：62050311220510129

吴砦村古街道，树龄约800 a，树高20 m，胸围195 cm，冠幅11 m。

第二部分·古 树

编号：62050311220710130
太碌村牛背公路边，树龄约200 a，树高12m，胸围175cm，冠幅8m。

麦积古树名木 MAIJI GUSHU MINGMU

编号：62050311220710131
太碌村牛背公路边，树龄约200 a，树高10m，胸围195cm，冠幅10m。

第二部分·古 树

编号：62050311220510211
吴砦村城隍庙，树龄约800 a，树高15m，胸（地）围175cm，冠幅9 m。

编号：62050311220510212

吴砦村城隍庙，树龄约800 a，树高15m，胸（地）围175cm，冠幅10 m。

千头柏

Platycladus orientalis 'Sieboldii' Dall. and Jack.

俗　名：扫帚柏、凤尾柏、子孙柏、千头侧柏、千枝柏
科　属：柏科 Cupressaceae　侧柏属 *Platycladus*

编号：62050311221610125
关庄村牛北公路边，树龄约800 a，树高20m，胸围350cm，冠幅22m。

槐 | *Styphnolobium japonicum* (L.) Schott

俗　名：蝴蝶槐、国槐、金药树、豆槐、槐花树、槐花木、守宫槐、紫花槐、槐树、堇花槐、毛叶槐、宜昌槐、早开槐

科　属：豆科 Fabaceae　槐属 *Styphnolobium*

编号：62050311220710210

太碌村，树龄约800 a，树高12m，胸（地）围340cm，冠幅14m。

编号：62050311220510213
吴砦村城隍庙，树龄约400 a，树高22m，胸（地）围305cm，冠幅20m。（左）

编号：62050311220510214
吴砦村城隍庙，树龄约100 a，树高18m，胸（地）围205cm，冠幅18m。（右）

编号：62050311220510215
吴砦村，树龄约120 a，树高22m，胸（地）围194cm，冠幅18 m。

14　琥珀镇

　　位于麦积区西北部，地处渭河南岸，琥珀沟以西，地势西高东低、南高北低；地形为黄土梁峁沟壑山地，半山半川，大部分为山区；境内最高点位于庆胡村，海拔1773m；最低点位于罗家村，海拔1257m。区域面积39.75km²。琥珀镇文化底蕴深厚，人杰地灵，文人辈出，著名的有世界知名学者霍松林先生。人文景观有罗家村遗址、圣境寺、宝池安观遗址等重要人文资料，是一笔不可多得的文化遗存。辖区圣境寺内古柏参天，郁郁葱葱，留有霍松林先生多块牌匾。

　　共有古树名木13株，占麦积区古树总数的3.60%，其中三级古树13株。分别占三岔镇古树总数的100%，隶属1科1属1种。

侧　柏　│ *Platycladus orientalis*（Linn.）Franco

俗　名：香柯树、香树、扁桧、香柏、黄柏
科　属：柏科 **Cupressaceae**　侧柏属 *Platycladus*

编号：62050311321010054
霍家川村圣境寺，树龄约150 a，树高15m，胸围153cm，冠幅7.5m。

编号:62050311321010055
霍家川村圣境寺,树龄约150 a,树高17m,胸(地)围145cm,冠幅7 m。

编号：62050311321010056
霍家川村圣境寺，树龄约150 a，树高15m，胸（地）围115cm，冠幅4.5 m。

编号:62050311321010057
霍家川村圣境寺,树龄约150 a,树高9m,胸(地)围145cm,冠幅6m。

编号：62050311321010058
霍家川村圣境寺，树龄约150 a，树高9.5m，胸（地）围113cm，冠幅6m。

编号：62050311321010059
霍家川村圣境寺，树龄约150 a，树高10m，胸（地）围122cm，冠幅7m。

编号：62050311321010060
霍家川村圣境寺，树龄约150 a，树高13m，胸（地）围155cm，冠幅8m。

编号：62050311321010061

霍家川村圣境寺，树龄约150 a，树高12m，胸（地）围113cm，冠幅6.5m。

编号：62050311321010062

霍家川村圣境寺，树龄约150 a，树高13m，胸（地）围102cm，冠幅6m。

编号：62050311321010063
霍家川村圣境寺，树龄约150 a，树高9m，胸（地）围111cm，冠幅5m。

编号：62050311321010064

霍家川村圣境寺，树龄约150 a，树高9m，胸（地）围98cm，冠幅4.5m。

编号：62050311320110065
罗家村家庙，树龄约150 a，树高14m，胸（地）围106cm，冠幅6m。（左）

编号：62050311320110066
罗家村家庙，树龄约150 a，树高14m，胸（地）围91cm，冠幅4m。（右）

15　利桥镇

　　位于麦积区东南部，地处渭河以南，秦岭山脉，辖区处于小陇山林区内，地势东北高，西南低；地形为秦岭山地，最高点羊头山位于坛坪村，海拔2532m；最低点位于蔚民村椒园组，海拔1152m。区域面积554.55km²。水系属于长江流域，利桥镇群山耸翠，水流清澈，自然风光秀丽，历史文化底蕴深厚。自唐宋以来，历经元、明及清中期，一直为茶马古道上的商品集散地和重要驿站节点，现有保存较为完整的古民居、戏楼等建筑群落10余处。古树名木多遗存于古村落。

　　共有古树名木8株，占麦积区古树总数的2.22%，其中一级古树1株，二级古树3株，三级古树4株。分别占利桥镇古树总数的12.50%、37.50%、50.00%。隶属4科4属5种。

侧　柏　│　*Platycladus orientalis*（Linn.）Franco

俗　名：香柯树、香树、扁桧、香柏、黄柏
科　属：柏科 Cupressaceae　侧柏属 *Platycladus*

编号：62050311420410196
利桥村家庙，树龄约300 a，树高20m，胸（地）围170cm，冠幅9m。

编号：62050311420410197

利桥村家庙，树龄约300 a，树高20m，胸（地）围225cm，冠幅10m。

第二部分·古 树

编号：62050311420210198
吴河村，树龄约200 a，树高16m，胸（地）围170cm，冠幅11.5m。

编号：62050311420410199

吕家集，树龄约300 a，树高16m，胸（地）围260cm，冠幅12m。

槐 | *Styphnolobium japonicum* (L.) Schott

俗　名：蝴蝶槐、国槐、金药树、豆槐、槐花树、槐花木、守宫槐、紫花槐、槐树、堇花槐、毛叶槐、宜昌槐、早开槐
科　属：豆科 Fabaceae　槐属 Styphnolobium

编号：62050311420810195
百花村，树龄约500 a，树高20m，胸（地）围350cm，冠幅17.5m。

栓皮栎 | *Quercus variabilis* Blume

俗　名：软木、粗皮青冈
科　属：壳斗科 Fagaceae　栎属 *Quercus*

编号：62050311420110202
玉明村，树龄约120 a，树高21m，胸（地）围175cm，冠幅20m。

柿 | *Diospyros kaki* Thunb.

俗　名：柿子
科　属：柿科 Ebenaceae 柿属 *Diospyros*

编号：62050311420110200
玉明村，树龄约200 a，树高8m，胸（地）围280cm，冠幅8m。

君迁子 | *Diospyros lotus* L.

俗　名：牛奶柿、黑枣、软枣
科　属：柿科 Ebenaceae　柿属 *Diospyros*

编号：62050311420110201
玉明村，树龄约200 a，树高14m，胸（地）围180cm，冠幅8.5m。

16　五龙镇

位于麦积区西北部，地处麦积、甘谷、秦安三县区交界，属于渭北干旱山区，平均海拔1720m，是典型的黄土丘陵沟壑区。境内五龙山最高海拔1886m；区域面积72km^2。

共有古树名木28株，占麦积区古树总数的7.76%，其中一级古树5株，二级古树2株，三级古树21株。分别占五龙镇古树总数的17.86%、7.14%、75.00%。隶属7科7属7种1变种。

油　松 | *Pinus tabuliformis* Carr.

俗　名：巨果油松、紫翅油松、短叶马尾松、红皮松、短叶松
科　属：松科 Pinaceae　松属 *Pinus*

麦积古树名木 MAIJI GUSHU MINGMU

编号：62050311520422005

张家湾村，树龄约300 a，树高13m，胸（地）围190cm，冠幅11.5m。

侧 柏 | *Platycladus orientalis*（Linn.）Franco

俗　名：香柯树、香树、扁桧、香柏、黄柏
科　属：柏科 Cupressaceae　侧柏属 *Platycladus*

编号：62050311520422003
张家湾村，树龄约150 a，树高11m，胸（地）围150cm，冠幅8.5m。

编号：62050311520122008
凌温村，树龄约150 a，树高10m，胸（地）围120cm，冠幅3m。

编号：62050311520322011
刘家湾村，树龄150 a，树高5m，胸（地）围120cm，冠幅9m。

编号：62050311520622017

雷家湾村，树龄200 a，树高7m，胸（地）围83cm，冠幅4m。

编号：62050311520622018

雷家湾村，树龄约200 a，树高20m，胸（地）围150cm，冠幅5.5m。

编号：62050311520622019

雷家湾村，树龄约200 a，树高15m，胸（地）围100cm，冠幅5m。

编号：62050311520622020
雷家湾村，树龄约200 a，树高15m，胸（地）围130cm，冠幅7m。

编号：62050311520622021
雷家湾村，树龄约200 a，树高8m，胸（地）围100cm，冠幅6m。

编号：62050311521122029
梁庄村，树龄约150 a，树高13m，胸（地）围100cm，冠幅5.5m。

千头柏 | *Platycladus orientalis* 'Sieboldii' Dall. and Jack.

俗　名：子孙柏、凤尾柏、扫帚柏、千枝柏
科　属：柏科 Cupressaceae　侧柏属 *Platycladus*

编号：62050311520322014
刘家湾村，树龄约500 a，树高10m，胸（地）围140cm，冠幅5m。

编号：62050311520322015
刘家湾村，树龄约500 a，树高12m，胸（地）围200cm，冠幅7m。

旱 柳 | *Salix matsudana* Koidz

俗　名：柳树
科　属：杨柳科 Salicaceae　柳属 *Salix*

编号：62050311520122006
凌温村，树龄约150 a，树高13m，胸（地）围400cm，冠幅16m。

编号：62050311520122007

凌温村，树龄约150 a，树高12m，胸（地）围260cm，冠幅14.5m。

麦积古树名木 MAIJI GUSHU MINGMU

编号：62050311520122009
凌温村，树龄约150 a，树高13m，胸（地）围300cm，冠幅17.5m。

第二部分·古 树

编号：62050311520122010
凌温村，树龄约120 a，树高13m，胸（地）围250cm，冠幅14.5m。

编号：62050311520222016
温家坪村，树龄约200 a，树高16m，胸（地）围400cm，冠幅14.5m。

编号：62050311521122030
梁庄村，树龄约120 a，树高14m，胸（地）围250cm，冠幅13.5m。

槐 | *Styphnolobium japonicum* (L.) Schott

俗　名：蝴蝶槐、国槐、金药树、豆槐、槐花树、槐花木、守宫槐、紫花槐、槐树、堇花槐、毛叶槐、宜昌槐、早开槐

科　属：豆科 Fabaceae　槐属 *Styphnolobium*

编号：62050311520422001

张家湾村，树龄约400 a，树高15m，胸（地）围350cm，冠幅16m。

编号：62050311520322012
刘家湾村，树龄约300 a，树高18m，胸（地）围280cm，冠幅19.5m。

麦积古树名木 MAIJI GUSHU MINGMU

编号：62050311520322013

刘家湾村，树龄约120 a，树高12m，胸（地）围200cm，冠幅14.5m。

编号：62050311520622026
雷家湾村，树龄约200 a，树高13m，胸（地）围215cm，冠幅11m。

榆 树 | *Ulmus pumila* L.

俗　名：榆、白榆、家榆、钻天榆、钱榆、长叶家榆、黄药家榆
科　属：榆科 Ulmaceae　榆属 *Ulmus*

编号：62050311520422002
张家湾村，树龄约500 a，树高15m，胸（地）围380cm，冠幅7.5m。

编号：62050311520622016
雷家湾村，树龄约250 a，树高8m，胸（地）围285cm，冠幅9m。

编号：62050311520622022

雷家湾村，树龄约150 a，树高14m，胸（地）围210cm，冠幅13m。

白 杜 | *Euonymus maackii* Rupr

俗 名：丝绵木、桃叶卫矛、明开夜合、丝棉木、华北卫矛、桃叶卫矛
科 属：卫矛科 Celastraceae 卫矛属 *Euonymus*

编号：62050311520422004
张家湾村，树龄约150 a，树高13m，胸（地）围210cm，冠幅10.5m。

文冠果 | *Xanthoceras sorbifolium* Bunge

俗　名：文冠树、木瓜、文冠花、崖木瓜、文光果
科　属：无患子科 Sapindaceae　文冠果属 *Xanthoceras*

编号：62050311520622027
雷家湾村，树龄约500 a，树高10m，胸（地）围105cm，冠幅8m。

编号：62050311520622028
雷家湾村，树龄约500 a，树高13 m，胸（地）围105 cm，冠幅6.5 m。

17　党川镇

　　位于麦积区东南部，地处渭河以南，秦岭山脉西部，地势秦岭山脉由北向南分布全境，东北高，西南低；地形为山地，主要山峰有火炎山、玉皇洞、天子山；最高点位于火炎山，海拔2558m，最低点位于天平山，海拔1035m，水系属于长江流域，区域面积760km²。辖区著名遗址有放马滩墓群，是一处战国晚期至西汉初期的公共墓地，其中秦墓发现多且集中，出土物丰富。竹简是继湖北云梦睡虎地秦简之后的第二次重要发现，也是甘肃省首次发现的秦文化典籍。7幅木板地图是迄今为止时代最早的地图实物。西汉纸定名为"放马滩纸"，亦是目前时代最早的麻纸实物，将中国发明造纸术的年代提早了三百余年。辖区遗存多株国家一级保护植物红豆杉，其中夏家坪的1株红豆杉，1株白皮松，树龄、胸围为麦积红豆杉和白皮松之最。

　　共有古树名木11株，占麦积区古树总数的3.05%，其中一级古树4株，三级古树7株。分别占党川镇古树总数的36.36%、63.64%。隶属4科4属3种1变种。

白皮松　| *Pinus bungeana* Zucc.

俗　　名：蟠龙松、虎皮松、白果松、三针松、白骨松、美人松
科　　属：松科 Pinaceae　松属 *Pinus*

编号：62050311620401013
夏家坪，树龄约 1000 a，树高 28m，胸（地）围 421cm，冠幅 25 m。

侧 柏 | *Platycladus orientalis* (Linn.) Franco

俗　名：香柯树、香树、扁桧、香柏、黄柏、柏树
科　属：柏科 Cupressaceae　侧柏属 *Platycladus*

编号：62050311620301018
花庙村，树龄约100 a，树高12m，胸（地）围150cm，冠幅7.5m。

红豆杉 | *Taxus wallichiana var. chinensis* (Pilger) Florin

俗　名：红豆树、观音杉、扁柏、卷柏、胭脂柏
科　属：红豆杉科 Taxaceae　红豆杉属 *Taxus*

编号：62050311620110047
党川村，树龄约150 a，树高11m，胸（地）围160cm，冠幅6m。

编号：62050311620110048

党川村，树龄约150 a，树高7m，胸（地）围85cm，冠幅6m。

第二部分·古 树

编号：62050311620110049
党川村，树龄约150 a，树高5m，胸（地）围50cm，冠幅4m。

编号：620503116620110050
党川村，树龄约150 a，树高7m，胸（地）围82cm，冠幅5m。

第二部分·古 树

编号：62050311620110051
党川村，树龄约150 a，树高10 m，
胸（地）围160 cm，冠幅7 m。

麦积古树名木 MAIJI GUSHU MINGMU

编号：62050311620110052
党川村，树龄约200 a，树高7m，
胸（地）围200cm，冠幅12.5m。

编号：62050311620420005

夏家坪，树龄约900 a，树高14.6m，胸（地）围279.5cm，冠幅12m。

编号：62050311620420006
夏家坪，树龄约600 a，树高12m，胸（地）围141cm，冠幅10m。

武当玉兰 | *Yulania sprengeri*（Pamp.）D.L.Fu

俗　名：玉兰、迎春树、湖北木兰、武当木兰
科　属：木兰科 Magnoliaceae　玉兰属 *Yulania*

编号：62050311620301062
花庙村，树龄约500 a，树高6m，胸（地）围150cm，冠幅7m。

第三部分 古树群

古树群是指10株以上成片生长的大面积古树。

麦积区共有古树群7个,分布于新阳镇的2个,分别是凤凰山木梨古树群和桥子沟木梨古树群;渭南镇1个,卦台山侧柏古树群;马跑泉镇1个泰山庙侧柏古树群;麦积镇1个黄庄油松古树群;甘泉镇1个,崇福寺侧柏古树群,石门风景区1个,石门山油松古树群。

1　渭南镇卦台山古树群

卦台山古树群位于天水市麦积区渭南镇卦台山，地理坐标为东经105.620459578949°~105.620533315095°，北纬34.7063690412651°~34.7056347725103°，海拔1336m，该古树群共13株古树，其中侧柏（*Platycladus orientalis*（L.）Franco）12株，白杜（*Euonymus maackii* Rupr）1株，古侧柏平均树龄约400 a，树高最高的23m，胸（地）围206cm，最大冠幅11.5m。

卦台山又名画卦台，相传为伏羲氏仰观天，俯察地，始画八卦的地方，处于三阳川西北端，现辖于天水市麦积区渭南镇，距天水市约15km。卦台山如一巨龙从群峦中探出头来，翠拥庙阁，渭水环流，钟灵毓秀，气象不凡。登临卦台山顶，俯瞰三阳川，人们不难发现，古老的渭河从东向西弯曲成一个"S"形，把椭圆形的三阳川盆地一分为二，形成了一个天然的太极图。卦台山巅，宽敞平整。建有伏羲庙、午门、牌楼、钟楼、古楼、戏楼、朝房等，现存有一直径64cm，厚约10cm的木制雕刻"伏羲六十四卦二十八宿全图"，极为珍贵。台湾中华六经学术研究会张渊量会长先期考察了全国的山川地理，又用最先进的仪器对画卦台及周围的山形水势进行了仔细地勘查和研究之后，盛赞三阳川是"太极无双地"，卦台山是"华夏第一山"。

明·胡缵宗《卦台记》云："朝阳启明，其台光荧；太阳中天，其台宣朗；夕阳返照，其台腾射。"一日之内，三阳殊不同景，颇为灵异，三阳川之名由此而来，又被称为"三阳开泰"之地。卦台山作为天水伏羲文化与龙文化的标志物，为省级文物保护单位，国家2A级旅游景区，市级爱国主义教育基地。

麦积古树名木　MAIJI GUSHU MINGMU

第三部分·古树群

2 新阳镇凤凰山古树群

凤凰山古树群位于天水市麦积区新阳镇席寨村，地理坐标为东经105.533379222861°，北纬34.6427939547449°，海拔1800m，凤凰山古树群共有古树108株，其中木梨（Pyrus xerophila Yü）107株，树龄约500 a，树高最高的达15m，最大胸（地）围320cm，最大冠幅13.5m。油松（Pinus tabuliformis Carr.）1株，数龄约200 a，树高15m，胸围195cm，冠幅13m。

凤凰山位于天水市麦积区西北新阳镇南部，最高处海拔1895m，相对高度500m，北有渭河、陇海铁路，南有316国道。天水扼关陇巴蜀之咽喉，人文荟萃，由来已久。秦称邽县，汉称上邽，皆以邽山命名。邽山之主峰，翩然翱翔若彩凤，因名凤凰山，乃天水之镇山。另一说，相传有凤凰来栖而得名。霍松林先生所题《凤凰山碑记》也对凤凰山的来历有阐述："山之主峰，突起于新阳之南，翩然翱翔若彩凤，因名凤凰山。"山体总面积6750km^2，绿化状况良好，森林覆盖达63%，山阳以刺槐为主，兼以山杨、青冈、木梨、山杏、山楂及沙棘等树种组成，山阴以多年生人工林油松、华山松等为主。被誉为天水市的"天然氧吧"，国家2A级旅游景区。

3　街子村崇福寺古树群

崇福寺古树群位于天水市麦积区麦积镇街子村东柯谷，地理坐标为东经105.997582761305°，北纬34.4491860963391°，海拔1150m，崇福寺古树群共有古树30株，其中古侧柏（*Platycladus orientalis* (L.) Franco）23株，槐（*Styphnolobium japonicum* (L.) Schott）5株，油松（*Pinus tabuliformis* Carr）1株，白杜（*Euonymus maackii* Rupr）1株，树龄600 a以上的侧柏2株，100年以上的21株，树高最高的达28m，最大胸（地）围275cm，最大冠幅12.5m。

崇福寺地处甘肃省天水市麦积区麦积镇街亭村。前有从仙人崖经石莲谷流出的东柯河环绕，因山后有片杏林，也称为杏林山，又因山呈虎踞龙盘之状，明代前称观龙山。崇福寺就建在观龙山腰，依山势而建，其构建由杏林观、崇福寺和纪信祠三部分组成，上部为杏林观，中部为崇福寺，最前为纪将军祠，集寺、观、祠于一身，融道、佛、儒一起，此为崇福寺一大特点。

崇福寺历史悠久，据寺内出土一方砖上刻"大唐弘道元年（公元683年）秋月吉日建"可知，为唐代建筑。据柳公权书《玄秘塔》碑文记载，大唐大达法师（俗姓赵，天水人）幼年即出家崇福寺。自唐以后，历代均有重建。从现有6通石碑上看，明崇祯十六年、清乾隆四十三年、嘉庆十六年均有大规模修葺。寺内现存有明清塑像及彩绘，堪为艺术珍品。可惜1958年寺内塑像被毁，20世纪70年代后期，杏林观、崇福寺被拆除，仅剩城隍庙一隅。山上原先苍松古柏极茂密，尤以白皮松名闻遐迩，最为珍贵，均遭破坏。现仅存城隍庙内千年古柏与古槐各一株。现崇福寺重新恢复了历史风貌，已成为麦积区挂牌寺院和著名风景名胜旅游地。

麦积古树名木 MAIJI GUSHU MINGMU

第三部分·古树群

4　马跑泉镇泰山庙古树群

　　泰山庙古树群位于天水市麦积区马跑泉镇文庄村，地理坐标为东经105.876879797553°，北纬34.4702685305131°，海拔1250m，泰山庙古树群共15株，全为侧柏（*Platycladus orientalis*（L.）Franco），树龄1000 a以上的9株，850年的2株，300年的4株，树高最高的达14m，最大胸（地）围250cm，最大冠幅14.5m。

　　泰山庙据记载，明洪武年间寺庙曾经重新修建，所以也称之为"洪武寺"，素有"八柏二槐会龙山"之称，二槐现已荡然无存，但八柏依然挺拔。

第三部分·古树群

第三部分·古树群

423

5　伯阳镇石门景区石门山古树群

石门山古油松群位于天水市麦积区伯阳镇境内，属西秦岭林区，地理坐标为东经106.143017587111°，北纬34.4427872156269°，海拔2020m，石门山古油松群油松（*Pinus tabuliformis* Carr.）成群落分布，树龄约200 a，树高最高的达15m，最大胸（地）围210cm，最大冠幅11.5m。

石门山景区距天水麦积山石窟15km，周围有众多的自然景观和人文景观，"山间横黛色，数峰出人间"就是对石门景区的真实写照。石门山下，还有出土的秦汉竹简、木板地图和西汉文景时期的纸张实物等。

石门山崖岩壁立，峭石千仞，古木参天，苍翠欲滴，流泉清幽，风光秀丽，素有黄山雄、秀、险的山貌特征，被誉为是甘肃的"小黄山"。这里共有古建庙宇72座，塑像30余尊，为陇上道教圣地。石门景区得天独厚的森林园景，蕴育着中国南北兼有的各种野生植物100余种，并有很多是园林中的珍品，所以人们常用"一楼、二禽、三奇、四杉、五兽、六珍、七花、八景"来赞誉她。石门景区主要有石门山、映月湖、夜月村、湫母园、千佛洞、双龙峡、天柱山、五指峰、秦谷等景点。

第三部分·古树群

第三部分·古树群

6 新阳镇桥子沟古树群

桥子沟古树群位于麦积区新阳镇桥子沟村山梁,地处东经 105.5371218441078°,北纬 34.64461594628911°,海拔 1648m,面积约 2km²,有古木梨(*Pyrus xerophila* Yü)10 株,平均树龄约 500a,平均树高 10m,平均胸径 155cm。

第三部分·古树群

7 甘泉镇黄庄古树群

黄庄古树群位于甘泉镇黄庄村，地理坐标为东经105.919594209442°～105.920220123783°，北纬34.4273451058815°～34.4276435720864°，海拔1280m。该古树群由1株梾木（*Cornus macrophylla* Wall.），4株侧柏（*Platycladus orientalis*（Linn.）Franco），9株油松（*Pinus tabuliformis* Carr.）组成。其中梾木树龄约300 a，树高11m，胸围230cm，冠幅4.5m；侧柏树龄约150 a，树高最高18m，胸围最大285cm，冠幅最大14.5m；油松树龄150 a，树高最高23m，胸围最大175cm，冠幅最大12m。

第三部分·古树群

第四部分 附录

麦积区古树名木信息一览表

编号	树种	学名	乡镇	生长地	经度WGS-84坐标系	纬度WGS-84坐标系	估测树龄(a)	树高(m)	胸围(cm)	平均冠幅(m)
620503100000320026	槐	*Styphnolobium japonicum* (L.) Schott	社棠镇	社棠职中	105.973440	34.557244	300	15	315	15
620503100211120030	槐	*Styphnolobium japonicum* (L.) Schott	社棠镇	绵诸村	105.970665	34.557746	200	18	268	20
620503100211120029	槐	*Styphnolobium japonicum* (L.) Schott	社棠镇	绵诸村	105.970412	34.557522	200	25	208	18
620503100211120028	侧柏	*Platycladus orientalis* (Linn.) Franco	社棠镇	绵诸村崇祯观	105.956299	34.545365	800	13	256	13.5
620503100211120027	侧柏	*Platycladus orientalis* (Linn.) Franco	社棠镇	绵诸村崇祯观	105.968303	34.555262	800	11	255	12
620503101223220001	侧柏	*Platycladus orientalis* (Linn.) Franco	马跑泉镇	文庄村泰山庙	105.876674	34.470349	1000	14.5	250	14.5
620503101001200002	侧柏	*Platycladus orientalis* (Linn.) Franco	马跑泉镇	文庄村泰山庙	105.876879	34.470268	1000	13	150	7
620503101001200003	侧柏	*Platycladus orientalis* (Linn.) Franco	马跑泉镇	文庄村泰山庙	105.876810	34.470271	1000	12.5	100	7
620503101001200004	侧柏	*Platycladus orientalis* (Linn.) Franco	马跑泉镇	文庄村泰山庙	105.876763	34.470227	1000	17	235	9.5
620503101001200005	侧柏	*Platycladus orientalis* (Linn.) Franco	马跑泉镇	文庄村泰山庙	105.876558	34.470155	1000	13	180	8.5
620503101001200006	侧柏	*Platycladus orientalis* (Linn.) Franco	马跑泉镇	文庄村泰山庙	105.876599	34.470096	1000	13	230	10
620503101001200007	侧柏	*Platycladus orientalis* (Linn.) Franco	马跑泉镇	文庄村泰山庙	105.876794	34.470158	1000	10.5	225	9.5
620503101001200008	侧柏	*Platycladus orientalis* (Linn.) Franco	马跑泉镇	文庄村泰山庙	105.876728	34.470199	1000	7	90	6
620503101001200009	侧柏	*Platycladus orientalis* (Linn.) Franco	马跑泉镇	文庄村泰山庙	105.876593	34.470189	100	4	52	4
620503101001200010	侧柏	*Platycladus orientalis* (Linn.) Franco	马跑泉镇	文庄村泰山庙	105.876687	34.469879	300	10.5	126	9
620503101001200011	侧柏	*Platycladus orientalis* (Linn.) Franco	马跑泉镇	文庄村泰山庙	105.876689	34.469913	300	11	12	8.5
620503101001200012	侧柏	*Platycladus orientalis* (Linn.) Franco	马跑泉镇	文庄村泰山庙	105.876679	34.469912	300	12	90	7
620503101001200013	侧柏	*Platycladus orientalis* (Linn.) Franco	马跑泉镇	文庄村泰山庙	105.876832	34.46902	300	13.5	175	11

编号	树种	学名	乡镇	生长地	经度WGS-84坐标系	纬度WGS-84坐标系	估测树龄(a)	树高(m)	胸围(cm)	平均冠幅(m)
620503101001200014	侧柏	Platycladus orientalis (Linn.) Franco	马跑泉镇	文庄村秦山庙	105.876800	34.46955	850	8.2	150	8.5
620503101001200015	侧柏	Platycladus orientalis (Linn.) Franco	马跑泉镇	文庄村秦山庙	105.876724	34.469534	850	8.4	130	8
620503101001100007	侧柏	Platycladus orientalis (Linn.) Franco	马跑泉镇	团庄村澄金寺	105.906197	34.539866	400	12	180	8
620503101001100006	侧柏	Platycladus orientalis (Linn.) Franco	马跑泉镇	团庄村澄金寺	105.906391	34.539797	400	16	220	9
620503101001100005	侧柏	Platycladus orientalis (Linn.) Franco	马跑泉镇	团庄村澄金寺	105.906425	34.539773	400	16	155	6.5
620503101001100004	侧柏	Platycladus orientalis (Linn.) Franco	马跑泉镇	团庄村澄金寺	105.906372	34.539851	400	16	180	9
620503101001100003	侧柏	Platycladus orientalis (Linn.) Franco	马跑泉镇	团庄村澄金寺	105.906395	34.53978	150	14	125	5.5
620503101001100001	侧柏	Platycladus orientalis (Linn.) Franco	马跑泉镇	团庄村澄金寺	105.906349	34.54002	900	28	510	14.5
620503101001100002	侧柏	Platycladus orientalis (Linn.) Franco	马跑泉镇	团庄村澄金寺	105.906403	34.539987	600	20	235	5.5
620503101012310042	侧柏	Platycladus orientalis (Linn.) Franco	马跑泉镇	阳湾村	105.996729	34.509462	200	9	160	6.5
620503101012310041	侧柏	Platycladus orientalis (Linn.) Franco	马跑泉镇	阳湾村	105.996743	34.509506	200	11	170	10
620503101012310040	槐	Styphnolobium japonicum (L.) Schott	马跑泉镇	阳湾村	105.996404	34.509854	100	24	250	14
620503101012310039	油松	Pinus tabuliformis Carr.	马跑泉镇	阳湾村	105.991467	34.511027	100	15	150	13.5
620503101012310036	侧柏	Platycladus orientalis (Linn.) Franco	马跑泉镇	阳湾村	105.997510	34.508013	200	14	130	6
620503101012310037	侧柏	Platycladus orientalis (Linn.) Franco	马跑泉镇	阳湾村	105.997642	34.508039	200	15	210	9
620503101012310038	侧柏	Platycladus orientalis (Linn.) Franco	马跑泉镇	阳湾村	105.997689	34.508075	200	14	140	5.5
620503101012310034	侧柏	Platycladus orientalis (Linn.) Franco	马跑泉镇	阳湾村	105.997397	34.507882	200	13	270	10.5
620503101012310035	侧柏	Platycladus orientalis (Linn.) Franco	马跑泉镇	阳湾村	105.997564	34.50804	200	14	210	6
620503101002100018	垂柳	Salix babylonica Linn.	马跑泉镇	柳林村柳林寺	105.902443	34.508221	300	14	440	14
620503101002100017	侧柏	Platycladus orientalis (Linn.) Franco	马跑泉镇	柳林村柳林寺	105.902383	34.508269	300	14	125	3.5

编号	树种	学名	乡镇	生长地	经度WGS-84坐标系	纬度WGS-84坐标系	估测树龄(a)	树高(m)	胸围(cm)	平均冠幅(m)
620503101002100216	侧柏	*Platycladus orientalis* (Linn.) Franco	马跑泉镇	柳林村柳林寺	105.902414	34.508349	300	17	165	6.5
620503101002100215	侧柏	*Platycladus orientalis* (Linn.) Franco	马跑泉镇	柳林村柳林寺	105.902098	34.508254	300	300	160	8
620503101002100214	侧柏	*Platycladus orientalis* (Linn.) Franco	马跑泉镇	柳林村柳林寺	105.902129	34.508274	300	30	185	10
620503101002100213	垂柳	*Salix babylonica* Linn.	马跑泉镇	柳林村柳林寺	105.902585	34.508348	300	25	495	14.5
620503101221100154	侧柏	*Platycladus orientalis* (Linn.) Franco	马跑泉镇	龙槐村龙槐寺	105.833858	34.502877	260	16	190	7
620503101221100153	侧柏	*Platycladus orientalis* (Linn.) Franco	马跑泉镇	龙槐村龙槐寺	105.833516	34.50314	260	16	143	7.5
620503101221100152	侧柏	*Platycladus orientalis* (Linn.) Franco	马跑泉镇	龙槐村龙槐寺	105.833407	34.502951	260	15	140	6.5
620503101221100151	槐	*Styphnolobium japonicum* (L.) Schott	马跑泉镇	龙槐村龙槐寺	105.833819	34.503031	260	16	182	16
620503101221100150	侧柏	*Platycladus orientalis* (Linn.) Franco	马跑泉镇	龙槐村龙槐寺	105.833573	34.502983	260	14	150	7
620503101221100149	龙爪槐	*Styphnolobium japonicum* Pendula	马跑泉镇	龙槐村龙槐寺	105.833517	34.503023	260	4	96	14
620503101220100148	槐	*Styphnolobium japonicum* (L.) Schott	马跑泉镇	新胜村交龙寺	105.855044	34.497607	400	11	185	11.5
620503101220100147	槐	*Styphnolobium japonicum* (L.) Schott	马跑泉镇	新胜村交龙寺	105.854877	34.497441	400	15	220	15
620503101220100146	文冠果	*Xanthoceras sorbifolium* Bunge	马跑泉镇	新胜村交龙寺	105.854779	34.497546	400	6	90	6.5
620503101220100145	侧柏	*Platycladus orientalis* (Linn.) Franco	马跑泉镇	新胜村交龙寺	105.854890	34.49761	400	15	98	6
620503101220100144	侧柏	*Platycladus orientalis* (Linn.) Franco	马跑泉镇	新胜村交龙寺	105.854769	34.49773	400	15	96	4.5
620503101220100143	侧柏	*Platycladus orientalis* (Linn.) Franco	马跑泉镇	新胜村交龙寺	105.854781	34.497587	400	15	97	5
620503101220100142	侧柏	*Platycladus orientalis* (Linn.) Franco	马跑泉镇	新胜村交龙寺	105.854806	34.49782	400	13	100	5.5
620503101220100141	侧柏	*Platycladus orientalis* (Linn.) Franco	马跑泉镇	新胜村交龙寺	105.854830	34.497755	400	15	120	12
620503101202100179	槐	*Styphnolobium japonicum* (L.) Schott	马跑泉镇	李家坪村	105.988260	34.493853	1200	23	430	20.5
620503101202100178	胡桃	*Juglans regia* L.	马跑泉镇	李家坪村			120	17	240	26

编号	树种	学名	乡镇	生长地	经度WGS-84坐标系	纬度WGS-84坐标系	估测树龄(a)	树高(m)	胸围(cm)	平均冠幅(m)
620503101120210177	胡桃	*Juglans regia* L.	马跑泉镇	李家坪村			120	16	210	20
620503101122520038	槐	*Styphnolobium japonicum* (L.) Schott	马跑泉镇	黑王村	105.891586	34.539809	200	18	180	15.5
620503101122520037	槐	*Styphnolobium japonicum* (L.) Schott	马跑泉镇	黑王村	105.891588	34.540017	200	13	210	13.5
620503101122520036	槐	*Styphnolobium japonicum* (L.) Schott	马跑泉镇	黑王村	105.891692	34.540297	400	15	330	17.5
620503101122520035	槐	*Styphnolobium japonicum* (L.) Schott	马跑泉镇	黑王村槐荫庙	105.891549	34.540733	400	14	302	15
620503101122520034	槐	*Styphnolobium japonicum* (L.) Schott	马跑泉镇	黑王村槐荫寺	105.891555	34.54096	400	14	305	13
620503101122520031	槐	*Styphnolobium japonicum* (L.) Schott	马跑泉镇	黑王村槐荫寺	105.891606	34.54089	400	12	246	12.5
620503101122520032	侧柏	*Platycladus orientalis* (Linn.) Franco	马跑泉镇	黑王村槐荫庙	105.891510	34.5408	120	15	124	8
620503101122520033	侧柏	*Platycladus orientalis* (Linn.) Franco	马跑泉镇	黑王村槐荫庙	105.891423	34.540751	120	14	96	5.5
620503101121300601	柿	*Diospyros kaki* Thunb.	马跑泉镇	崖湾村	105.907042	34.490728	120	10	200	7.5
620503101121220139	槐	*Styphnolobium japonicum* (L.) Schott	马跑泉镇	慕滩村经圣寺	105.930543	34.540601	1300	13	380	12.5
620503101121221310	侧柏	*Platycladus orientalis* (Linn.) Franco	马跑泉镇	慕滩村经圣寺	105.930430	34.540504	350	13	150	8
620503101121221311	龙爪槐	*Styphnolobium japonicum* Pendula	马跑泉镇	慕滩村经圣寺	105.930491	34.540703	120	6.5	60	3.5
620503101220220016	武当玉兰	*Yulania sprengeri* (Pamp.) D. L. Fu	甘泉镇	玉兰村双玉兰堂	105.933574	34.452317	1300	15.5	268	12.5
620503101220220017	武当玉兰	*Yulania sprengeri* (Pamp.) D. L. Fu	甘泉镇	玉兰村双玉兰堂	105.933496	34.452303	1300	17.5	215	13.5
620503101100120018	侧柏	*Platycladus orientalis* (Linn.) Franco	甘泉镇	玉兰村双玉兰堂	105.933501	34.452423	2500	17	360	10
620503101220220019	侧柏	*Platycladus orientalis* (Linn.) Franco	甘泉镇	玉兰村双玉兰堂	105.933543	34.452417	2500	21	411	14.5
620503101221920020	槐	*Styphnolobium japonicum* (L.) Schott	甘泉镇	吴家寺村	105.953015	34.484199	600	24.6	500	15.5
620503101221920021	槐	*Styphnolobium japonicum* (L.) Schott	甘泉镇	吴家寺村	105.953261	34.484247	500	21	365	15.5
620503101221920022	槐	*Styphnolobium japonicum* (L.) Schott	甘泉镇	吴家寺村	105.952964	34.484361	600	24	520	26

编号	树种	学名	乡镇	生长地	经度WGS-84坐标系	纬度WGS-84坐标系	估测树龄(a)	树高(m)	胸围(cm)	平均冠幅(m)
62050310221920023	榆树	Ulmus pumila L.	甘泉镇	吴家寺村	105.952807	34.484286	600	14.5	300	14
62050310221920024	侧柏	Platycladus orientalis (Linn.) Franco	甘泉镇	吴家寺村	105.952830	34.484225	600	12	250	8
62050310221920025	侧柏	Platycladus orientalis (Linn.) Franco	甘泉镇	吴家寺村	105.954994	34.490911	700	20	300	13
62050310221920026	侧柏	Platycladus orientalis (Linn.) Franco	甘泉镇	吴家寺村	105.952722	34.484242	600	18	236	11.5
62050310221310031	槐	Styphnolobium japonicum (L.) Schott	甘泉镇	吴河村三官庙	105.914986	34.477134	300	14	350	10
62050310221510030	槐	Styphnolobium japonicum (L.) Schott	甘泉镇	庙沟村	105.839747	34.387312	300	24	225	20
62050310221510029	槐	Styphnolobium japonicum (L.) Schott	甘泉镇	庙沟村	105.839618	34.38749	300	24	270	30
62050310221510028	槐	Styphnolobium japonicum (L.) Schott	甘泉镇	庙沟村	105.840186	34.38882	100	21	230	16
62050310221510027	红豆杉	Taxus wallichiana var. chinensis (Pilger) Florin	甘泉镇	庙沟村			100	7	125	6
62050310221510026	刺叶高山栎	Quercus spinosa David ex Franchet	甘泉镇	庙沟村	105.843018	34.397973	100	11	110	5.5
62050310221510025	侧柏	Platycladus orientalis (Linn.) Franco	甘泉镇	庙沟村	105.842801	34.398978	200	10	103	6
62050310221510024	侧柏	Platycladus orientalis (Linn.) Franco	甘泉镇	庙沟村	105.842840	34.399009	200	10	138	5.5
62050310221510023	侧柏	Platycladus orientalis (Linn.) Franco	甘泉镇	庙沟村	105.842705	34.398991	200	15	140	5
62050310221510022	武当玉兰	Yulania sprengeri (Pamp.) D. L. Fu	甘泉镇	庙沟村	105.849768	34.422974	1000	16	450	21.5
62050310221410021	灰楸	Catalpa fargesii Bur.	甘泉镇	谢崖村	105.879052	34.449815	800	14	500	11.5
62050310221410020	槐	Styphnolobium japonicum (L.) Schott	甘泉镇	谢崖村	105.878940	34.449752	800	26	540	21.5
62050310221310019	垂柳	Salix babylonica Linn.	甘泉镇	吴河村白石	105.914517	34.479191	120	28	458	18.5
62050310222010046	侧柏	Platycladus orientalis (Linn.) Franco	甘泉镇	朝阳村朝阳寺	105.969788	34.455712	120	15	212	8
62050310222010045	侧柏	Platycladus orientalis (Linn.) Franco	甘泉镇	朝阳村朝阳寺	105.969831	34.455737	120	15	130	8
62050310222010044	侧柏	Platycladus orientalis (Linn.) Franco	甘泉镇	朝阳村朝阳寺	105.969759	34.455721	120	15	105	4.5

编号	树种	学名	乡镇	生长地	经度WGS-84坐标系	纬度WGS-84坐标系	估测树龄(a)	树高(m)	胸围(cm)	平均冠幅(m)
620503102220110043	侧柏	Platycladus orientalis (Linn.) Franco	甘泉镇	朝阳村朝阳寺	105.969759	34.455721	120	15	150	7
620503102220710139	白皮松	Pinus bungeana Zucc.	甘泉镇	峡门村麦积林场	105.957312	34.389684	1100	18	280	20
620503102220710138	槐	Styphnolobium japonicum (L.) Schott	甘泉镇	峡门村	105.967805	34.416573	1200	17	460	16
620503102220710137	槐	Styphnolobium japonicum (L.) Schott	甘泉镇	峡门村	105.967693	34.416626	1200	9	355	8
620503102220710136	垂柳	Salix babylonica Linn.	甘泉镇	峡门村	105.967121	34.417573	500	22	492	22.5
620503102222010135	槐	Styphnolobium japonicum (L.) Schott	甘泉镇	朝阳村朝阳寺	105.969520	34.455583	500	15	300	18
620503102222010134	刺叶高山栎	Taxus wallichiana var. chinensis (Pilger) Florin	甘泉镇	朝阳村朝阳寺			150	13	95	7
620503102222010133	红豆杉	Quercus spinosa David ex Franchet	甘泉镇	朝阳村朝阳寺	105.969429	34.45564	1300	14	110	9
620503102222010132	红豆杉	Taxus wallichiana var. chinensis (Pilger) Florin	甘泉镇	朝阳村朝阳寺			1300	13	165	11.5
620503102220510157	侧柏	Platycladus orientalis (Linn.) Franco	甘泉镇	高庄村	105.950888	34.436757	150	15	181	8
620503102220510156	槐	Styphnolobium japonicum (L.) Schott	甘泉镇	高庄村	105.950572	34.435844	1100	18	270	17
620503102220510154	槐	Styphnolobium japonicum (L.) Schott	甘泉镇	高庄村	105.950560	34.43577	1100	21	390	21
620503102220510153	槐	Styphnolobium japonicum (L.) Schott	甘泉镇	高庄村	105.950123	34.435602	1200	15	330	8
620503102220710152	槐	Styphnolobium japonicum (L.) Schott	甘泉镇	峡门村	105.963722	34.412996	140	18	165	13.5
620503102222310188	槐	Styphnolobium japonicum (L.) Schott	甘泉镇	金胡村	105.987357	34.483381	500	13	280	20
620503102222310187	臭椿	Ailanthus altissima (Mill.) Swingle	甘泉镇	金胡村	105.986010	34.482718	150	18	190	12
620503102222310186	侧柏	Platycladus orientalis (Linn.) Franco	甘泉镇	金胡村	105.985975	34.48281	500	15	165	8
620503102222310185	侧柏	Platycladus orientalis (Linn.) Franco	甘泉镇	金胡村	105.985964	34.482711	500	15	120	5
620503102222310184	千头柏	Platycladus orientalis 'Sieboldii' Dallimore and Jackson	甘泉镇	金胡村	105.985757	34.482775	500	15	140	8.5
620503102222310183	千头柏	Platycladus orientalis 'Sieboldii' Dallimore and Jackson	甘泉镇	金胡村	105.985973	34.482741	1000	13	330	10

编号	树种	学名	乡镇	生长地	经度WGS-84坐标系	纬度WGS-84坐标系	估测树龄(a)	树高(m)	胸围(cm)	平均冠幅(m)
62050310222310182	千头柏	Platycladus orientalis 'Sieboldii' Dallimore and Jackson	甘泉镇	金胡村	105.985611	34.488422	1000	11	210	8
62050310222310181	千头柏	Platycladus orientalis 'Sieboldii' Dallimore and Jackson	甘泉镇	金胡村	105.985785	34.488364	1000	9	255	10.5
62050310222310180	千头柏	Platycladus orientalis 'Sieboldii' Dallimore and Jackson	甘泉镇	金胡村	105.985779	34.48825	1000	14	405	14
62050310220310238	梾木	Cornus macrophylla Wall.	甘泉镇	黄庄村	105.919733	34.427586	300	11	230	4.5
62050310220310237	油松	Pinus tabuliformis Carr.	甘泉镇	黄庄村	105.919978	34.427474	150	21	115	9
62050310220310235	油松	Pinus tabuliformis Carr.	甘泉镇	黄庄村	105.920051	34.427556	150	23	175	10
62050310220310236	油松	Pinus tabuliformis Carr.	甘泉镇	黄庄村	105.919915	34.427643	150	21	115	8.5
62050310220310234	油松	Pinus tabuliformis Carr.	甘泉镇	黄庄村	105.920012	34.427623	150	22	125	7.5
62050310220310233	油松	Pinus tabuliformis Carr.	甘泉镇	黄庄村	105.920157	34.427682	150	21	122	6
62050310220310232	油松	Pinus tabuliformis Carr.	甘泉镇	黄庄村	105.920157	34.427682	150	21	128	5.5
62050310220310231	油松	Pinus tabuliformis Carr.	甘泉镇	黄庄村	105.920152	34.427571	150	21	141	9
62050310220310230	油松	Pinus tabuliformis Carr.	甘泉镇	黄庄村	105.920220	34.427625	150	18	117	9
62050310220310229	油松	Pinus tabuliformis Carr.	甘泉镇	黄庄村水泥厂	105.919860	34.427378	150	21	160	12
62050310220310228	侧柏	Platycladus orientalis (Linn.) Franco	甘泉镇	黄庄村水泥厂	105.919672	34.427486	150	11	100	5
62050310220310227	侧柏	Platycladus orientalis (Linn.) Franco	甘泉镇	黄庄村水泥厂	105.919678	34.427345	150	18	150	9
62050310220310226	侧柏	Platycladus orientalis (Linn.) Franco	甘泉镇	黄庄村水泥厂	105.919631	34.427451	150	15	110	4
62050310220310225	侧柏	Platycladus orientalis (Linn.) Franco	甘泉镇	黄庄村水泥厂	105.919594	34.427397	150	17	140	10
62050310220310224	旱柳	Salix matsudana Koidz.	甘泉镇	黄庄村	105.921908	34.425337	200	13	285	14.5
62050310220310223	槐	Styphnolobium japonicum (L.) Schott	甘泉镇	黄庄村	105.920162	34.419	150	24	210	18
62050310220310222	紫弹树	Celtis biondii Pamp.	甘泉镇	黄庄村	105.920781	34.41919	300	11	230	11.5

编号	树种	学名	乡镇	生长地	经度WGS-84坐标系	纬度WGS-84坐标系	估测树龄(a)	树高(m)	胸围(cm)	平均冠幅(m)
62050310220310221	鹅耳枥	Carpinus turczaninowii Hance	甘泉镇	黄庄村	105.921013	34.419385	300	14	260	19
62050310220310220	鹅耳枥	Carpinus turczaninowii Hance	甘泉镇	黄庄村	105.921138	34.419475	200	14	160	11
62050310220310219	红豆杉	Taxus wallichiana var. chinensis (Pilger) Florin	甘泉镇	黄庄村			200	12	155	6.5
62050310220610261	槐	Styphnolobium japonicum (L.) Schott	甘泉镇	西枝村	105.978032	34.430198	150	14	212	13
62050310220610260	槐	Styphnolobium japonicum (L.) Schott	甘泉镇	西枝村	105.977587	34.42999	150	23	263	25
62050310220610259	槐	Styphnolobium japonicum (L.) Schott	甘泉镇	西枝村	105.977376	34.430114	800	26	880	24
62050310221390001	柽柳	Tamarix chinensis Lour.	甘泉镇	吴河村三官殿	105.914938	34.476873	200	9	120	721.5
62050310323010013	白杜	Euonymus maackii Rupr.	渭南镇	吴家村卦台山	105.620628	34.706185	120	11	130	11
62050310321410067	侧柏	Platycladus orientalis (Linn.) Franco	渭南镇	菁宁村旱阳寺	105.644649	34.674863	1100	22	390	17.5
62050310321220008	侧柏	Platycladus orientalis (Linn.) Franco	渭南镇	吴家村卦台山	105.620459	34.706369	400	12	130	7
62050310321220009	侧柏	Platycladus orientalis (Linn.) Franco	渭南镇	吴家村卦台山	105.620551	34.706258	400	20	195	8
62050310321220010	侧柏	Platycladus orientalis (Linn.) Franco	渭南镇	吴家村卦台山	105.620597	34.706249	400	10	118	5
62050310321220011	侧柏	Platycladus orientalis (Linn.) Franco	渭南镇	吴家村卦台山	105.620561	34.706266	400	22	206	11.5
62050310321220012	侧柏	Platycladus orientalis (Linn.) Franco	渭南镇	吴家村卦台山	105.620498	34.706266	400	23	151	6
62050310321220013	侧柏	Platycladus orientalis (Linn.) Franco	渭南镇	吴家村卦台山	105.620453	34.706235	400	16	138	6
62050310321220014	侧柏	Platycladus orientalis (Linn.) Franco	渭南镇	吴家村卦台山	105.620361	34.706195	400	17	166	7.5
62050310321220015	侧柏	Platycladus orientalis (Linn.) Franco	渭南镇	吴家村卦台山	105.620513	34.70615	400	16	160	9.5
62050310321220016	侧柏	Platycladus orientalis (Linn.) Franco	渭南镇	吴家村卦台山	105.620456	34.706092	400	16	126	5.5
62050310321220017	侧柏	Platycladus orientalis (Linn.) Franco	渭南镇	吴家村卦台山	105.620448	34.70608	400	16	110	5.5
62050310321220018	侧柏	Platycladus orientalis (Linn.) Franco	渭南镇	吴家村卦台山	105.620457	34.706067	400	16	165	7.5

编号	树种	学名	乡镇	生长地	经度WGS-84坐标系	纬度WGS-84坐标系	估测树龄(a)	树高(m)	胸围(cm)	平均冠幅(m)
620503103212220019	侧柏	*Platycladus orientalis* (Linn.) Franco	渭南镇	吴家村卦台山	105.620533	34.705634	200	13	125	7.5
620503104208010001	侧柏	*Platycladus orientalis* (Linn.) Franco	东岔镇	桃花村	106.370400	34.2048	150	16	144.4	6
620503104208010002	侧柏	*Platycladus orientalis* (Linn.) Franco	东岔镇	桃花村	106.370500	34.2045	200	22	63	7
620503104208010003	槐	*Styphnolobium japonicum* (L.) Schott	东岔镇	桃花村	106.364400	34.2031	140	20	78	16
620503104205010004	桑	*Morus alba* L.	东岔镇	东岔村	106.390800	34.2132	120	8	58	5
620503104208010005	油松	*Pinus tabuliformis* Carr.	东岔镇	桃花村	106.352800	34.2126	150	15	69	11
620503104208010006	侧柏	*Platycladus orientalis* (Linn.) Franco	东岔镇	桃花村	106.342300	34.2151	130	14	49	9
620503104208010007	侧柏	*Platycladus orientalis* (Linn.) Franco	东岔镇	桃花村	106.342300	34.2151	180	15	64	12
620503104208010008	栓皮栎	*Quercus variabilis* Bl.	东岔镇	桃花村	106.342300	34.215	300	22	90	15
620503104208010009	栓皮栎	*Quercus variabilis* Bl.	东岔镇	桃花村	106.579100	34.3467	150	21	98	11
620503104205010010	桑	*Morus alba* L.	东岔镇	东岔村	106.390800	34.2132	120	6	58	4
620503104208010011	栗	*Castanea mollissima* Blume	东岔镇	桃花村	106.342300	34.215	270	12	82.5	11
620503104208010012	油松	*Pinus tabuliformis* Carr.	东岔镇	桃花村	106.599300	34.3334	130	13	51.3	6
620503105213200025	侧柏	*Platycladus orientalis* (Linn.) Franco	花牛镇	靳庄村清净寺	105.848238	34.571499	300	9	125	7.5
620503105211320024	侧柏	*Platycladus orientalis* (Linn.) Franco	花牛镇	靳庄村清净寺	105.848125	34.571508	300	16	230	11
620503105222620023	侧柏	*Platycladus orientalis* (Linn.) Franco	花牛镇	毛集村朝阳寺	105.795167	34.500783	600	15	157	6.5
620503105222620022	侧柏	*Platycladus orientalis* (Linn.) Franco	花牛镇	毛集村朝阳寺	105.795177	34.500827	600	17	186	9
620503105226220021	梾木	*Cornus macrophylla* Wall.	花牛镇	毛集村	105.795528	34.500919	600	8	320	12
620503105220720020	槐	*Styphnolobium japonicum* (L.) Schott	花牛镇	甘铺村	105.819181	34.563364	500	20	417	18
620503106210010012	千头柏	*Platycladus orientalis* 'Sieboldii' Dallimore and Jackson	中滩镇	猴杨村	105.679137	34.688946	500	17	170	15

编号	树种	学名	乡镇	生长地	经度WGS-84坐标系	纬度WGS-84坐标系	估测树龄(a)	树高(m)	胸围(cm)	平均冠幅(m)
620503110620610008	侧柏	*Platycladus orientalis* (Linn.) Franco	中滩镇	四合村演营寺	105.668414	34.704432	2300	22	630	15
620503110620610011	侧柏	*Platycladus orientalis* (Linn.) Franco	中滩镇	四合村演营寺	105.668604	34.704398	2300	20	260	8
620503110620610010	侧柏	*Platycladus orientalis* (Linn.) Franco	中滩镇	四合村演营寺	105.668556	34.70438	2300	20	310	7.5
620503110620610009	侧柏	*Platycladus orientalis* (Linn.) Franco	中滩镇	四合村演营寺	105.668554	34.704325	2300	20	345	7
620503110722010161	灰楸	*Catalpa fargesii* Bur.	新阳镇	周湾村	105.520594	34.686784	150	15	180	13
620503110722110170	侧柏	*Platycladus orientalis* (Linn.) Franco	新阳镇	席寨村	105.533379	34.642793	500	12	140	5
620503110722110169	侧柏	*Platycladus orientalis* (Linn.) Franco	新阳镇	席寨村	105.533437	34.642852	500	15	210	10
620503110722110168	油松	*Pinus tabuliformis* Carr.	新阳镇	席寨村凤凰山	105.527157	34.651663	200	15	195	13
620503110722110167	木梨	*Pyrus xerophila* Yü	新阳镇	席寨村凤凰山	105.527374	34.651342	500	12	212	13
620503110722110166	木梨	*Pyrus xerophila* Yü	新阳镇	席寨村凤凰山	105.528169	34.652567	500	13	225	13.5
620503110722110165	木梨	*Pyrus xerophila* Yü	新阳镇	席寨村凤凰山	105.527000	34.651711	500	12	230	14
620503110722110164	木梨	*Pyrus xerophila* Yü	新阳镇	席寨村凤凰山	105.527740	34.65083	500	8	205	12
620503110722110163	木梨	*Pyrus xerophila* Yü	新阳镇	席寨村凤凰山	105.527440	34.65068	500	13	230	12.5
620503110722110162	木梨	*Pyrus xerophila* Yü	新阳镇	席寨村凤凰山	105.527445	34.650901	500	12	320	11
620503110720610160	槐	*Styphnolobium japonicum* (L.) Schott	新阳镇	沿河村	105.537839	34.685441	120	16	195	14
620503110720610159	文冠果	*Xanthoceras sorbifolium* Bunge	新阳镇	沿河村	105.537783	34.684889	500	11	150	7.5
620503110720610158	文冠果	*Xanthoceras sorbifolium* Bunge	新阳镇	沿河村	105.537719	34.684866	500	10	150	9.5
620503110820210218	侧柏	*Platycladus orientalis* (Linn.) Franco	元龙镇	渭滩村	106.114131	34.548085	120	12	127	7.5
620503110820210217	黄连木	*Pistacia chinensis* Bunge	元龙镇	渭滩村	106.113520	34.547847	200	14	217	15
620503110820210216	榆树	*Ulmus pumila* L.	元龙镇	渭滩村	106.113364	34.547834	300	14	322	17.5

编号	树种	学名	乡镇	生长地	经度WGS-84坐标系	纬度WGS-84坐标系	估测树龄(a)	树高(m)	胸围(cm)	平均冠幅(m)
620503108213102O9	侧柏	*Platycladus orientalis* (Linn.) Franco	元龙镇	底川村永寿寺	106.228491	34.527745	1500	23	380	14
620503108222010207	侧柏	*Platycladus orientalis* (Linn.) Franco	元龙镇	井儿村天柱山	106.120943	34.524225	1000	10	330	10
620503108218102O8	槐	*Styphnolobium japonicum* (L.) Schott	元龙镇	美峡村	106.159512	34.526037	300	22	300	20
620503108221102O6	侧柏	*Platycladus orientalis* (Linn.) Franco	元龙镇	红星村	106.117653	34.53267	120	23	145	6
620503108222102S3	榆树	*Ulmus pumila* L.	元龙镇	青龙村	106.111433	34.487645	200	12	310	13
620503108222102S2	油松	*Pinus tabuliformis* Carr.	元龙镇	青龙村	106.110598	34.486342	800	30	360	22
620503108222102S1	油松	*Pinus tabuliformis* Carr.	元龙镇	青龙村	106.112215	34.486699	300	14	146	16
620503109222110190	榆树	*Ulmus pumila* L.	伯阳镇	石门村	106.093876	34.461166	1800	37	645	29
620503109222110191	牛科吴萸	*Tetradium trichotomum* Loureiro	伯阳镇	石门村	106.093989	34.46114	120	12	103	6
620503109222110189	刺柏	*Juniperus formosana* Hayata	伯阳镇	石门村	106.090996	34.459974	150	14	165	9.5
620503109213102176	榆树	*Ulmus pumila* L.	伯阳镇	马岘村	106.019725	34.501676	150	11	158	15
620503109213102175	榆树	*Ulmus pumila* L.	伯阳镇	马岘村	106.020375	34.501928	150	14	230	19
620503109212102174	胡桃	*Juglans regia* L.	伯阳镇	曹石村	106.012225	34.517425	800	16	270	22
620503109212102173	榆树	*Ulmus pumila* L.	伯阳镇	曹石村	106.009880	34.517606	800	9	520	9
620503109212102172	君迁子	*Diospyros lotus* L.	伯阳镇	曹石村	106.020107	34.519446	260	9	275	19
620503109212102171	槐	*Styphnolobium japonicum* (L.) Schott	伯阳镇	曹石村	106.033490	34.555218	120	17	275	20
620503109209102O5	槐	*Styphnolobium japonicum* (L.) Schott	伯阳镇	西坪村	106.033477	34.554813	120	22	230	23
620503109209102O4	槐	*Styphnolobium japonicum* (L.) Schott	伯阳镇	西坪村	106.038143	34.552533	120	16	206	18
620503109209102O3	槐	*Styphnolobium japonicum* (L.) Schott	伯阳镇	西坪村			120	10	203	20
620503109219102S0	槐	*Styphnolobium japonicum* (L.) Schott	伯阳镇	范河村	106.095388	34.47826	150	20	190	32

编号	树种	学名	乡镇	生长地	经度WGS-84坐标系	纬度WGS-84坐标系	估测树龄(a)	树高(m)	胸围(cm)	平均冠幅(m)
620503110921910249	槐	Styphnolobium japonicum (L.) Schott	伯阳镇	范河村	106.095195	34.478285	150	20	240	21
620503110921910248	榆树	Ulmus pumila L.	伯阳镇	范河村	106.094090	34.478552	500	22	305	21
620503110921910247	槐	Styphnolobium japonicum (L.) Schott	伯阳镇	范河村	106.094399	34.477774	800	27	520	27
620503111620120003	油松	Pinus tabuliformis Carr.	伯阳镇	石门景区	106.143175	34.442522	200	18	210	10
620503111620120004	油松	Pinus tabuliformis Carr.	伯阳镇	石门景区	106.143017	34.442787	200	21	215	11
620503111620120002	油松	Pinus tabuliformis Carr.	伯阳镇	石门景区	106.143819	34.442173	200	17	190	11.5
620503111620120001	刺叶高山栎	Quercus spinosa David ex Franchet	伯阳镇	石门景区	106.143224	34.441285	200	16	210	13
620503111020510808	槐	Styphnolobium japonicum (L.) Schott	麦积镇	麦积山石窟	106.005684	34.350101	1300	13	460	9.5
620503111020610081	胡桃	Juglans regia L.	麦积镇	草滩村			150	15	418	11.5
620503111020610080	红豆杉	Taxus wallichiana var. chinensis (Pilger) Florin	麦积镇	草滩村西应寺	105.999358	34.471078	300	12	132	8.5
620503111021210033	榆树	Ulmus pumila L.	麦积镇	北湾村	106.000148	34.470032	200	14	250	13.5
620503111021210032	黄连木	Pistacia chinensis Bunge	麦积镇	北湾村	106.028588	34.455138	500	15	450	20
620503111021410053	紫丁香	Syringa oblata Lindl	麦积镇	宏罗村宏罗小学	105.972488	34.370843	200	9	145	6
620503111020710140	白皮松	Pinus bungeana Zucc.	麦积镇	红崖村	105.993593	34.411976	500	18	240	14
620503111020310246	槐	Styphnolobium japonicum (L.) Schott	麦积镇	刘坪村	105.997025	34.424766	1300	13	600	16
620503111021110245	黄连木	Pistacia chinensis Bunge	麦积镇	杨何村	105.997935	34.424667	200	15	255	11
620503111021110244	侧柏	Platycladus orientalis (Linn.) Franco	麦积镇	杨何村	105.997726	34.424469	1300	12	305	16
620503111021110243	槐	Styphnolobium japonicum (L.) Schott	麦积镇	杨何村	106.000465	34.423168	1300	10	380	11
620503111021110242	侧柏	Platycladus orientalis (Linn.) Franco	麦积镇	杨何村	105.997475	34.423088	1300	13	560	13.5
620503111021110241	侧柏	Platycladus orientalis (Linn.) Franco	麦积镇	杨何村	105.997475	34.423088	200	16	210	9

编号	树种	学名	乡镇	生长地	经度WGS-84坐标系	纬度WGS-84坐标系	估测树龄（a）	树高（m）	胸围（cm）	平均冠幅（m）
62050311021110240	槐	*Styphnolobium japonicum* (L.) Schott	麦积镇	杨何村	105.997603	34.423315	1300	16	990	17
62050311021110239	侧柏	*Platycladus orientalis* (Linn.) Franco	麦积镇	杨何村	105.996058	34.424744	300	16	195	12
62050311020910258	槐	*Styphnolobium japonicum* (L.) Schott	麦积镇	永庆村	106.002136	34.437627	600	20	435	20
62050311021010257	皂荚	*Gleditsia sinensis* Lam.	麦积镇	街亭村	105.994369	34.452075	120	7	115	8
62050311021010256	槐	*Styphnolobium japonicum* (L.) Schott	麦积镇	街亭村	105.994397	34.451966	300	17	235	14
62050311021010255	垂柳	*Salix babylonica* Linn.	麦积镇	街亭村	105.996062	34.452384	120	17	280	17
62050311021010254	槐	*Styphnolobium japonicum* (L.) Schott	麦积镇	街亭村	105.995135	34.451286	400	22	320	23.5
62050311020820007	杏	*Armeniaca vulgaris* Lam.	麦积镇	卧虎村卧虎寺	105.966610	34.342663	150	12	175	12
62050311020820006	陕甘枫	*Acer shenkanense* W. P. Fang ex C. C. Fu	麦积镇	卧虎村卧虎寺	105.966483	34.342843	500	33	360	17
62050311020820005	陕甘枫	*Acer shenkanense* W. P. Fang ex C. C. Fu	麦积镇	卧虎村卧虎寺	105.966621	34.342672	500	20	440	16.5
62050340549820027	侧柏	*Platycladus orientalis* (Linn.) Franco	麦积镇	街亭村崇福寺	105.997582	34.449186	120	8	120	7.5
62050340549820028	侧柏	*Platycladus orientalis* (Linn.) Franco	麦积镇	街亭村崇福寺	105.997558	34.449198	120	12	90	6.5
62050340549820029	侧柏	*Platycladus orientalis* (Linn.) Franco	麦积镇	街亭村崇福寺	105.997539	34.449168	120	12	110	6
62050340549822048	侧柏	*Platycladus orientalis* (L.) Franco	麦积镇	街亭村崇福寺	105.997824	34.449062	120	10	93	7
62050340549820031	侧柏	*Platycladus orientalis* (Linn.) Franco	麦积镇	街亭村崇福寺	105.997480	34.449294	120	10	48	6.5
62050340549820032	侧柏	*Platycladus orientalis* (Linn.) Franco	麦积镇	街亭村崇福寺	105.997471	34.449473	120	10.2	90	35.5
62050340549820030	侧柏	*Platycladus orientalis* (Linn.) Franco	麦积镇	街亭村崇福寺	105.997602	34.449192	120	10	85	4.5
62050340549820033	侧柏	*Platycladus orientalis* (Linn.) Franco	麦积镇	街亭村崇福寺	105.997416	34.449531	120	9.8	95	4.5
62050340549820034	侧柏	*Platycladus orientalis* (Linn.) Franco	麦积镇	街亭村崇福寺	105.997395	34.449555	120	10	158	5.5
62050340549820035	侧柏	*Platycladus orientalis* (Linn.) Franco	麦积镇	街亭村崇福寺	105.997400	34.449588	120	10.6	96	7

编号	树种	学名	乡镇	生长地	经度WGS-84坐标系	纬度WGS-84坐标系	估测树龄(a)	树高(m)	胸围(cm)	平均冠幅(m)
620503405498200036	侧柏	Platycladus orientalis (Linn.) Franco	麦积镇	街亭村崇福寺	105.997374	34.449583	120	11	124	5.5
620503405498200037	侧柏	Platycladus orientalis (Linn.) Franco	麦积镇	街亭村崇福寺	105.997366	34.449611	120	11	95	7
620503405498200051	侧柏	Platycladus orientalis (Linn.) Franco	麦积镇	街亭村崇福寺	105.997112	34.450041	600	28.4	275	12.5
620503405498200053	白杜	Euonymus maackii Rupr	麦积镇	街亭村崇福寺	105.996986	34.449959	120	7.5	150	6.5
620503405498200038	侧柏	Platycladus orientalis (Linn.) Franco	麦积镇	街亭村崇福寺	105.997506	34.449849	120	8	130	5.5
620503405498200039	侧柏	Platycladus orientalis (Linn.) Franco	麦积镇	街亭村崇福寺	105.997520	34.449877	120	9	118	6.5
620503405498200040	侧柏	Platycladus orientalis (Linn.) Franco	麦积镇	街亭村崇福寺	105.997270	34.449671	120	9.5	130	6.5
620503405498200041	侧柏	Platycladus orientalis (Linn.) Franco	麦积镇	街亭村崇福寺	105.997286	34.44966	120	10	96	6.5
620503405498200042	侧柏	Platycladus orientalis (Linn.) Franco	麦积镇	街亭村崇福寺	105.997275	34.449628	120	5	92	3.5
620503405498200043	侧柏	Platycladus orientalis (Linn.) Franco	麦积镇	街亭村崇福寺	105.997283	34.449651	120	8	70	5
620503405498200044	侧柏	Platycladus orientalis (Linn.) Franco	麦积镇	街亭村崇福寺	105.997247	34.449721	120	9	110	6.5
620503405498200045	侧柏	Platycladus orientalis (Linn.) Franco	麦积镇	街亭村崇福寺	105.997243	34.449726	120	12	105	7.5
620503405498300046	侧柏	Platycladus orientalis (Linn.) Franco	麦积镇	街亭村崇福寺	105.997215	34.44971	120	11	90	5.5
620503405498200047	侧柏	Platycladus orientalis (Linn.) Franco	麦积镇	街亭村崇福寺	105.997168	34.449726	120	8	104	5.5
620503405498200049	侧柏	Platycladus orientalis (Linn.) Franco	麦积镇	街亭村崇福寺	105.997116	34.449788	120	8	91	5.5
620503405498200050	侧柏	Platycladus orientalis (Linn.) Franco	麦积镇	街亭村崇福寺	105.997133	34.449831	120	7	160	5.5
620503405498200052	槐	Styphnolobium japonicum (L.) Schott	麦积镇	街亭村崇福寺	105.997034	34.450087	400	12	300	11
620503405498200054	油松	Pinus tabuliformis Carr.	麦积镇	街亭村崇福寺	105.996902	34.449695	200	6	108	6.5
620503405498200055	侧柏	Platycladus orientalis (Linn.) Franco	麦积镇	街亭村崇福寺	105.997328	34.449378	120	12	150	7.5
620503111202221032	侧柏	Platycladus orientalis (Linn.) Franco	石佛镇	黄庄村报恩寺	105.688755	34.714057	500	12	210	8.5

编号	树种	学名	乡镇	生长地	经度WGS-84坐标系	纬度WGS-84坐标系	估测树龄(a)	树高(m)	胸围(cm)	平均冠幅(m)
620503111120221031	侧柏	Platycladus orientalis (Linn.) Franco	石佛镇	黄庄村报恩寺	105.688799	34.714009	500	13	150	6.5
620503111120221030	槐	Styphnolobium japonicum (L.) Schott	石佛镇	黄庄村	105.688699	34.713633	1300	10	450	10.5
620503111120221034	千头柏	Platycladus orientalis 'Sieboldii' Dall. and Jack.	石佛镇	黄庄村报恩寺	105.688856	34.714331	600	11	230	7
620503111121821035	千头柏	Platycladus orientalis 'Sieboldii' Dall. and Jack.	石佛镇	泄山村柏泉寺	105.766564	34.738262	500	10	280	9
620503111121821036	千头柏	Platycladus orientalis 'Sieboldii' Dall. and Jack.	石佛镇	泄山村柏泉寺	105.766573	34.738289	500	8	270	10
620503111122021033	槐	Styphnolobium japonicum (L.) Schott	石佛镇	勿驮村	105.758182	34.744301	400	14	410	12.5
620503111122121307	槐	Styphnolobium japonicum (L.) Schott	石佛镇	张坪村	105.744685	34.729572	300	13	330	13
620503111122121037	侧柏	Platycladus orientalis (Linn.) Franco	石佛镇	张坪村玉鸣寺	105.746415	34.728832	120	14	120	6
620503111122121308	侧柏	Platycladus orientalis (Linn.) Franco	石佛镇	张坪村玉鸣寺	105.746508	34.728933	120	12	140	5.5
620503111221610125	千头柏	Platycladus orientalis 'Sieboldii' Dall. and Jack.	三岔镇	关庄村	106.532564	34.485216	800	20	350	22
620503111221610124	侧柏	Platycladus orientalis (Linn.) Franco	三岔镇	关庄村	106.532834	34.488383	150	16	224	12
620503111220510126	侧柏	Platycladus orientalis (Linn.) Franco	三岔镇	吴砦村	106.400677	34.517132	800	20	200	7.5
620503111220510127	侧柏	Platycladus orientalis (Linn.) Franco	三岔镇	吴砦村	106.400578	34.51713	800	19	210	6.5
620503111220510128	侧柏	Platycladus orientalis (Linn.) Franco	三岔镇	吴砦村	106.400596	34.517117	800	20	180	10
620503111220510129	侧柏	Platycladus orientalis (Linn.) Franco	三岔镇	吴砦村	106.400687	34.517139	800	20	195	11
620503111220710130	侧柏	Platycladus orientalis (Linn.) Franco	三岔镇	太碌村	106.342044	34.518546	200	12	175	8
620503111220710131	侧柏	Platycladus orientalis (Linn.) Franco	三岔镇	太碌村	106.342097	34.51858	200	10	195	10
620503111220510215	槐	Styphnolobium japonicum (L.) Schott	三岔镇	吴砦村	106.402024	34.516519	120	22	194	18
620503111220510213	槐	Styphnolobium japonicum (L.) Schott	三岔镇	吴砦村城隍庙	106.401462	34.518008	400	22	305	20
620503111220510214	槐	Styphnolobium japonicum (L.) Schott	三岔镇	吴砦村城隍庙	106.401624	34.517854	100	18	205	18

编号	树种	学名	乡镇	生长地	经度WGS-84坐标系	纬度WGS-84坐标系	估测树龄(a)	树高(m)	胸围(cm)	平均冠幅(m)
62050311220510212	侧柏	Platycladus orientalis (Linn.) Franco	三岔镇	吴砦村城皇庙	106.401497	34.517796	800	15	175	10
62050311220510211	侧柏	Platycladus orientalis (Linn.) Franco	三岔镇	吴砦村城皇庙	106.401422	34.517878	800	15	175	9
62050311220710210	槐	Styphnolobium japonicum (L.) Schott	三岔镇	太碌村	106.307229	34.516088	800	12	340	14
62050311321010054	侧柏	Platycladus orientalis (Linn.) Franco	琥珀镇	霍家川村圣境寺	105.471303	34.711866	150	15	153	7.5
62050311321010055	侧柏	Platycladus orientalis (Linn.) Franco	琥珀镇	霍家川村圣境寺	105.471219	34.711824	150	17	145	7
62050311321010056	侧柏	Platycladus orientalis (Linn.) Franco	琥珀镇	霍家川村圣境寺	105.471157	34.711709	150	15	115	4.5
62050311321010057	侧柏	Platycladus orientalis (Linn.) Franco	琥珀镇	霍家川村圣境寺	105.471092	34.711752	150	9	145	6
62050311321010058	侧柏	Platycladus orientalis (Linn.) Franco	琥珀镇	霍家川村圣境寺	105.470950	34.71169	150	9.5	113	6
62050311321010059	侧柏	Platycladus orientalis (Linn.) Franco	琥珀镇	霍家川村圣境寺	105.470868	34.711812	150	10	122	7
62050311321010060	侧柏	Platycladus orientalis (Linn.) Franco	琥珀镇	霍家川村圣境寺	105.470967	34.711889	150	13	155	8
62050311321010061	侧柏	Platycladus orientalis (Linn.) Franco	琥珀镇	霍家川村圣境寺	105.470889	34.711936	150	12	113	6.5
62050311321010062	侧柏	Platycladus orientalis (Linn.) Franco	琥珀镇	霍家川村圣境寺	105.470787	34.712008	150	13	102	6
62050311321010063	侧柏	Platycladus orientalis (Linn.) Franco	琥珀镇	霍家川村	105.470978	34.717501	150	9	111	5.5
62050311321010064	侧柏	Platycladus orientalis (Linn.) Franco	琥珀镇	霍家川村	105.471050	34.717448	150	9	98	4.5
62050311320110065	侧柏	Platycladus orientalis (Linn.) Franco	琥珀镇	罗家村	105.460721	34.709572	150	14	106	6
62050311320110066	侧柏	Platycladus orientalis (Linn.) Franco	琥珀镇	罗家村	105.460749	34.709568	150	14	91	4
62050311420110202	栓皮栎	Quercus variabilis Bl.	利桥镇	蔚明村	106.401715	34.15499	120	21	175	20
62050311420110201	君迁子	Diospyros lotus L.	利桥镇	蔚明村	106.402015	34.154366	200	14	180	8.5
62050311420110200	柿	Diospyros kaki Thunb.	利桥镇	蔚明村	106.402340	34.153671	200	8	280	8
62050311420810195	槐	Styphnolobium japonicum (L.) Schott	利桥镇	百花村	106.338568	34.313351	500	20	350	17.5

第四部分·附 录

编号	树种	学名	乡镇	生长地	经度 WGS-84 坐标系	纬度 WGS-84 坐标系	估测树龄 (a)	树高 (m)	胸围 (cm)	平均冠幅 (m)
620503114204101096	侧柏	Platycladus orientalis (Linn.) Franco	利桥镇	利桥村	106.406283	34.246148	300	20	170	9
620503114204101097	侧柏	Platycladus orientalis (Linn.) Franco	利桥镇	利桥村	106.406207	34.246231	300	20	225	10
620503114202101098	侧柏	Platycladus orientalis (Linn.) Franco	利桥镇	吴河村	106.407682	34.207492	200	16	170	11.5
620503114204101099	侧柏	Platycladus orientalis (Linn.) Franco	利桥镇	利桥村	106.418050	34.208742	300	16	260	12
620503116203011062	武当玉兰	Yulania sprengeri (Pamp.) D. L. Fu	党川镇	花庙村	106.158122	34.241813	500	6	150	7
620503116203011018	侧柏	Platycladus orientalis (Linn.) Franco	党川镇	花庙村	106.158264	34.242002	100	12	150	7.5
620503116201100052	红豆杉	Taxus wallichiana var. chinensis (Pilger) Florin	党川镇	党川村			200	7	200	12.5
620503116201100051	红豆杉	Taxus wallichiana var. chinensis (Pilger) Florin	党川镇	党川村廖家祖坟			150	10	160	7
620503116201100050	红豆杉	Taxus wallichiana var. chinensis (Pilger) Florin	党川镇	党川村廖家祖坟			150	7	82	5
620503116201100049	红豆杉	Taxus wallichiana var. chinensis (Pilger) Florin	党川镇	党川村廖家祖坟			150	5	50	4
620503116201100048	红豆杉	Taxus wallichiana var. chinensis (Pilger) Florin	党川镇	党川村廖家祖坟			150	7	85	6
620503116201100047	红豆杉	Taxus wallichiana var. chinensis (Pilger) Florin	党川镇	党川村廖家祖坟			150	11	160	6
620503116204200006	红豆杉	Taxus wallichiana var. chinensis (Pilger) Florin	党川镇	夏坪村			600	12	141	10
620503116204200005	红豆杉	Taxus wallichiana var. chinensis (Pilger) Florin	党川镇	夏坪村			900	14.6	279.5	12
620503116204010013	白皮松	Pinus bungeana Zucc.	党川镇	夏坪村	106.611300	34.3374	1000	28	134	25
620503115204220005	油松	Pinus tabuliformis Carriere	五龙镇	张家湾村	105.529749	34.759006	300	13	190	11.5
620503115204220004	白杜	Euonymus maackii	五龙镇	张家湾村	105.529704	34.758934	150	13	210	10.5
620503115204220003	侧柏	Platycladus orientalis (Linn.) Franco	五龙镇	张家湾村	105.529816	34.759025	150	11	150	8.5
620503115204220002	旱榆	Ulmus glaucescens	五龙镇	张家湾村	105.529860	34.759198	500	15.2	380	7.5
620503115204220001	国槐	Sophora japonica Linn.	五龙镇	张家湾村	105.530627	34.759566	400	15	350	16

编号	树种	学名	乡镇	生长地	经度 WGS-84 坐标系	纬度 WGS-84 坐标系	估测树龄 (a)	树高 (m)	胸围 (cm)	平均冠幅 (m)
620503115201220122006	旱柳	*Salix matsudana* Koidz.	五龙镇	浚温村	105.522731	34.751808	150	13	400	16
620503115201220122007	旱柳	*Salix matsudana* Koidz.	五龙镇	浚温村	105.522037	34.751899	150	12	260	14.5
620503115201220122008	侧柏	*Platycladus orientalis* (Linn.) Franco	五龙镇	浚温村	105.525257	34.747899	150	10	120	3
620503115201220122009	旱柳	*Salix matsudana* Koidz.	五龙镇	浚温村	105.524129	34.748541	150	15	300	17.5
620503115201220122010	旱柳	*Salix matsudana* Koidz.	五龙镇	浚温村	105.523862	34.748270	120	13	250	14.5
620503115201320322011	侧柏	*Platycladus orientalis* (Linn.) Franco	五龙镇	刘家湾村	105.528687	34.735250	150	5	120	9
620503115201320322012	国槐	*Sophora japonica* Linn.	五龙镇	刘家湾村	105.529735	34.734088	300	18	280	19.5
620503115201320322013	国槐	*Sophora japonica* Linn.	五龙镇	刘家湾村	105.529793	34.734328	120	12	200	14.5
620503115201320322014	千头柏	*Platycladus orientalis* 'Sieboldii' Dallimore and Jackson	五龙镇	刘家湾村	105.530465	34.734053	500	10	140	5
620503115201320322015	千头柏	*Platycladus orientalis* 'Sieboldii' Dallimore and Jackson	五龙镇	刘家湾村	105.530409	34.734109	500	12	200	7
620503115201220222016	旱柳	*Salix matsudana* Koidz.	五龙镇	温家坪村	105.538248	34.725884	200	16	400	14.5
620503115201620622016	旱榆	*Ulmus glaucescens*	五龙镇	雷家湾村	105.510664	34.747041	250	8	285	9
620503115201620622017	侧柏	*Platycladus orientalis* (Linn.) Franco	五龙镇	雷家湾村	105.510898	34.746302	200	7	83	4
620503115201620622018	侧柏	*Platycladus orientalis* (Linn.) Franco	五龙镇	雷家湾村	105.510946	34.746284	200	20	150	5.5
620503115201620622019	侧柏	*Platycladus orientalis* (Linn.) Franco	五龙镇	雷家湾村	105.510972	34.746235	200	15	100	5
620503115201620622020	侧柏	*Platycladus orientalis* (Linn.) Franco	五龙镇	雷家湾村	105.510971	34.746219	200	15	130	7
620503115201620622021	侧柏	*Platycladus orientalis* (Linn.) Franco	五龙镇	雷家湾村	105.510986	34.746203	200	8	100	6
620503115201620622022	旱榆	*Ulmus glaucescens*	五龙镇	雷家湾村	105.512462	34.750710	150	14	210	13
620503115201620622026	槐	*Styphnolobium japonicum* (L.) Schott	五龙镇	雷家湾村	105.515239	34.744364	200	13	215	11
620503115201620622027	文冠果	*Xanthoceras sorbifolia*	五龙镇	雷家湾村	105.515410	34.744176	500	10	105	8

编号	树种	学名	乡镇	生长地	经度WGS-84坐标系	纬度WGS-84坐标系	估测树龄(a)	树高(m)	胸围(cm)	平均冠幅(m)
620503115206222028	文冠果	Xanthoceras sorbifolia	五龙镇	雷家湾村	105.515356	34.744106	500	13	105	6.5
620503115211222029	侧柏	Platycladus orientalis (Linn.) Franco	五龙镇	梁庄村	105.515788	34.769963	150	13	100	5.5
620503115211222030	旱柳	Salix matsudana Koidz.	五龙镇	梁庄村	105.511912	34.768072	120	14	250	13.5

部分个人荣誉